Mineralien

in Farbe

Mineralien

in Farbe

Gliederung, Systematik, Arten, Namen, Fundstellen, Grundstoffe, chemische Zusammensetzung

185 großformatige Farbfotos und 146 Schemazeichnungen der Kristallformen

EX LIBRIS

Zusammengestellt von Vincenzo de Michele,
Konservator für Mineralogie
am Museo Civico di Storia Naturale in Mailand.
Nach Beständen dieses Museums wurden die
Farbfotos erstellt von Carlo Bevilacqua

Zeichnungen: Emilio Chiusa
Übersetzung: Erwin Felkel
Bearbeitung: Dipl.-Chem. Dr. Walfried Seeger

Ungekürzte Lizenzausgabe
für den Buchclub Ex Libris Zürich

Printed in Italy
ISBN 3517004774

Unser Verhältnis zum Reich der Mineralien hat sich in wenigen Jahren grundlegend gewandelt. Früher war man geneigt, die bunten kristallinen Körper der Fachwissenschaft zu überlassen, und man mochte Sammlungen in Museen oder Schulen als verstaubte Zusammenstellungen von Kuriositäten ansehen, die mehr der Erfüllung einer Pflichtforderung zuliebe vorhanden waren. Heute aber hat weite Kreise der Sinn für die gesetzmäßig gestaltete, dabei zunächst so fremde Form erfaßt. Die ursprüngliche Freude an der geheimnisvoll aufglühenden Farbe und an der eigenwilligen Gestalt trifft in Gefühlstiefen mit dem erweckten Sinn für abstrakte Formen, wie etwa in der Malerei, zusammen und zugleich mit einem Wunsch voller Sachlichkeit, mehr über dieses besondere Reich der Natur zu erfahren.
Dieses Buch nimmt gegenüber seinen Vorgängern bewußt Rücksicht auf diese Ausgangslage. Die besonders glücklich gestalteten Farbfotos nützen jede technische Möglichkeit, die Licht und Vergrößerung bieten, um Form und Farbe zu entschleiern. Die Abstraktion zum klaren Schema der Kristallzeichnung kann ohne Schwierigkeit vollzogen werden. Der Text nimmt im gebotenen Rahmen des Umfangs jede Möglichkeit der wissenschaftlichen Darbietung aller Hilfsangaben wahr.
So mag dieses Buch ebenso der Freude des Auges am wiederentdeckten Gebiet dienen wie auch als Referenzbuch für Sammlung und Lehre. Wir haben uns bemüht, beiden Forderungen gewissenhaft zu dienen.

Vincenzo de Michele

Inhalt

Mineralien-Register

Kursiv gesetzte Seitenzahlen verweisen auf Abbildungen, Stichwörter bezeichnen Varietäten der jeweiligen Mineraliengruppe.

Das Reich der Mineralien

Altertum und Mittelalter sprachen schon vom Reich der Mineralien. Sie teilten die Dinge der Umwelt ein in drei Gruppen oder Reiche, von denen das der Mineralien das erste war, die anderen umfaßten das Pflanzenreich und das Tierreich. Alles, was nicht zu Pflanzen oder Tieren gehörte, war unbelebt, also wurde es in das Reich der Mineralien verwiesen.

Heute wissen wir, daß die »unbelebte« Natur gar nicht so »tot« ist; hat es doch Jahrmilliarden gedauert, bis wir festen Boden unter die Füße bekamen, und das war nur möglich durch immer noch fortdauernde, gewaltige Umwandlungen der Materie. In der Entwicklungsgeschichte der Erde bilden die Minerale nur ein – allerdings wichtiges – Kapitel; ihre verwirrende Vielfältigkeit ist das Produkt ständiger physikalisch-chemischer Wechselwirkungen. Bei weitem nicht alle Minerale sind an der Bildung von Gesteinen beteiligt, einige aber in ganz überragendem Maße. Gesteine sind meist ein Gemenge von Mineralen, und vielen wird noch das Merksprüchlein für Granit in Erinnerung sein: »Feldspat, Quarz und Glimmer, die drei vergess' ich nimmer.«

Wenn nun ein Mineral kein »Stein« ist, wie man fälschlich allgemein annimmt, was ist es dann eigentlich? Auf einen derartigen Körper wird die Bezeichnung Mineral im heutigen Sinn angewandt, wenn er eine Anzahl Bedingungen erfüllt, durch die sich ein Mineral von sonstigen in der unbelebten Natur vorhandenen Stoffen unterscheidet.

Als erste Bedingung gilt, daß es sich um einen *unter normalen Verhältnissen von Temperatur und Druck festen und einheitlichen (homogenen) Körper* handelt. Als *einheitlicher Körper* gilt ein fester Stoff, der in allen seinen, auch den kleinsten Teilen die gleiche chemische Zusammensetzung aufweist. Wenn man z.B. ein Stück Pyrit (Schwefelkies) in kleine Brocken zerschlägt, wird auch das kleinste Körnchen die gleiche chemische Zusammensetzung haben. Das gilt auch für Stücke aus den verschiedensten Fundorten. Stellt man jedoch die gleiche Probe mit anderen Stoffen an, wie z.B. Porphyr, Granit oder Sandstein, so wird man bald herausfinden, daß die einzelnen Teilchen voneinander verschieden sind. Somit scheiden aus dem Mineralreich alle uneinheitlichen (heterogenen) Stoffe aus, wie eben die Gesteine, auch wenn sie aus einem *Gemenge* von Mineralien bestehen.

Aus der Physik wissen wir, daß nur wirklich »feste« Körper eine bestimmte Feinstruktur aufweisen. Die kleinsten Bausteine, die Atome, sind in einem Raumgitter gesetzmäßig angeordnet und bilden so bestimmte geometrische Formen: die *Kristalle.* Meist wachsen diese Kristalle aus Schmelzen, aber auch aus heißen oder kalten Lösungen. Freilich sind die Begleitumstände nicht immer so günstig, daß sich die Kristallformen ungestört ausbilden können; dennoch läßt sich immer im Feinaufbau das zugehörige Raumgitter nachweisen.

Unter anderen physikalischen Eigenschaften, die auf dieser Feinstruktur beruhen, ist der Schmelzpunkt. Wirklich feste Körper gehen beim Erhitzen auf einen bestimmten Temperaturgrad aus dem festen Zustand unmittelbar in den flüssigen über, und dieser Schmelzpunkt ist (bei gleichem Druck) für jeden Körper charakteristisch und konstant.

Manche anscheinend festen Stoffe sind in Wirklichkeit nur hart. So haben z.B. Glas, Harz u.a. keinen festen Schmelzpunkt. Sie werden beim Erhitzen nach und nach weich, dann teigig, zäh- und schließlich dünnflüssig.

Solche Stoffe zählen nicht zu den Mineralien, ebensowenig wie Gase und Flüssigkeiten, auch wenn z.B. im Wasser Mineralstoffe in Lösung enthalten sind.

Mineralien müssen *natürliche Bestandteile der Erdkruste* sein und nicht Produkte der chemischen Technologie, dürfen also nicht künstlich vom Menschen hergestellt sein. Das gilt ebenso für Gestein: Beton und Ziegelsteine sind keine *natürlichen* Bestandteile der Erdkruste. Ebenso sind von der chemischen Industrie hergestellte anorganische Salze Kunstprodukte und als solche keine Minerale, auch wenn sie in chemischer Zusammensetzung und Eigenschaft den Naturstoffen völlig gleich sind. Aus Salinen gewonnenes Kochsalz ist kein Mineral, wohl aber das chemisch identische Steinsalz, denn dieses ist während einer bestimmten geologischen Epoche entstanden; es hat somit seinen bestimmten Platz im Verlauf des Umwandlungsprozesses der Materie und bildet auch einen wichtigen natürlichen Bestandteil der Erdkruste. Wir verdanken der Geologie, Petrographie und Mineralogie wertvolle Erkenntnisse über die spannende Entwicklungsgeschichte unseres Planeten.

Wie schon hervorgehoben, ist das Mineralreich deutlich von der organischen – »lebendigen« – Natur abgegrenzt. Daraus folgt, daß Minerale das *Produkt von anorganischen Prozessen sind.* Deshalb sind Stoffe, die sich aus Absonderungen von Pflanzen oder durch die Tätigkeit von Tieren bildeten, z.B. Bernstein, Kohle und Kohlenwasserstoffe, Bitumen usw., keine Minerale.

Nun weiß man aber auch, daß seit undenklichen Zeiten Meteoriten aus dem Weltraum auf unsere Erde fallen; die darin enthaltenen Minerale zählen zu den echten, obzwar sie außerirdischen Ursprungs sind. Man müßte also den Begriff *natürliche Bestandteile der Erdkruste* erweitern auf *und anderer Himmelskörper;* schließlich ist ja die Materie der Meteoriten auch ein Bestandteil der Erdkruste geworden.

Endlich müssen Mineralien *konstante, nur in gewissen Grenzen variable chemische Zusammensetzung und dementsprechend bestimmte physikalische Eigenschaften haben,* d.h. ein bestimmtes Mineral, gleichgültig welcher Herkunft und unbeschadet von Abweichungen im äußerlichen Ansehen, muß bei der Untersuchung verschiedener Proben die gleiche chemische Zusammensetzung haben. Pyrit, im Kristallsystem kubisch, chemische Formel FeS_2, enthält stets 46,55% Eisen und 53,45% Schwefel; Bleiglanz (Galenit), PbS, 86,60% Blei und 13,40% Schwefel. Es muß also die Begriffsbestimmung für »Mineral« lauten: *Ein fester, einheitlicher, aus anorganischen Prozessen entstandener Stoff, der ein natürlicher Bestandteil der Erdkruste und durch konstante physikalische und chemische Eigenschaften gekennzeichnet ist.*

Bis heute sind rund 1900 Mineralarten bekannt, von denen viele allerdings sehr selten sind. Wundern wir uns nicht, wenn sich nach allem, was hier dargelegt wurde, herausgestellt hat, daß der Bernstein weder ein »Stein« noch ein »Mineral« ist, hingegen das vielbegehrte Gold und Silber und die ebenso begehrten Edelsteine zu den Mineralien zählen.

Systematik der Mineralogie

In der Tier- und Pflanzenwelt hat sich die Anwendung einer Systematik bei der Einteilung als notwendig und nützlich erwiesen und führte zur Zusammenfassung und Einteilung in Klassen, Arten usw. Das gilt auch für die anorganische Natur. Nachdem nun die Mineralien säuberlich von den »gewöhnlichen« Gesteinen getrennt wurden, ging man daran, Ordnung in die Vielfalt zu bringen.

Als bestes Einteilungsprinzip ergibt sich dabei die chemische Zusammensetzung, die nach folgenden Anhaltspunkten eine Klassifizierung ermöglicht:

Jede normale chemische Verbindung enthält elektropositive *(Kationen)* und elektronegative *(Anionen)* Elementarteilchen[1]), deren Ladungen sich ausgleichen. Man kennt die Größe der Ladung und bezeichnet sie mit einer Zahl, der Wertigkeit. So ist z. B. in Kochsalz (NaCl) Natrium (Na^+) positiv einwertig und Chlor (Cl^-) negativ einwertig; in Quarz (SiO_2) ist Silizium (Si^{4+}) positiv vierwertig und jedes der beiden Sauerstoff-Atome (O^{--}) negativ zweiwertig. Die Wertigkeit kann aber bei vielen Elementen wechseln. Bei der chemischen Zusammensetzung der Minerale zeigt sich, daß die elektropositiven Elemente (Kationen), wie Eisen, Magnesium, Zink, Kupfer, Blei, Natrium, Kalium, in weit größerer Zahl beteiligt sind als die elektronegativen Elemente (Anionen) wie z. B. Schwefel, Fluor, Sauerstoff. Es lag daher nahe, die Mineralien nach ihren Anionen zu ordnen.

Wie bei den anderen Fächern der Naturwissenschaft geht die Systematik der Minerale nach der Ordnungszahl, hier also des Anionengehalts, vor. Danach ist man übereingekommen, die Minerale in neun Klassen einzuordnen. Innerhalb der Klassen wird nach dem Feinbau (Modifikationen) unterteilt.

In der 1. Klasse finden sich die Elemente oder Grundstoffe: Kupfer, Gold, Silber usw. In den folgenden Klassen erscheinen die einfacheren Verbindungen mit

[1]) *Es sei daran erinnert, daß positive Ionen (Kationen) Atome sind, denen ein oder mehrere Elektronen fehlen; bei negativen Ionen (Anionen) sind ein oder zwei Elektronen überschüssig.*

Schwefel (Sulfide), Fluor (Halogene) und Sauerstoff (Oxide). Von da an wird es verwickelter, weil das Anion nicht immer durch ein Element, sondern auch durch eine Verbindung vertreten ist; als Kohlenstoffgruppe (Karbonate), Schwefelgruppe (Sulfate), Phosphorgruppe (Phosphate) und schließlich als umfangreichste Gruppe die auf Silizium aufgebauten Verbindungen. In der Verbindung NaCl (Kochsalz) sind die Ladungen ausgeglichen; bei $C^{4+}O_3^{--}$ bleiben zwei negative Einheiten frei, die z.B. durch Zutritt von Kalzium (Ca) gebunden werden = $Ca[CO_3]$ = Kalkspat. Innerhalb der höheren Klassen ist – besonders bei den Silikaten – noch eine Teilung in Untergruppen angebracht. Nachstehende Tabelle gibt einen Überblick:

1. Klasse: Elemente (Grundstoffe)
2. Klasse: Sulfide und Halbmetallverbindungen von Selen, Tellur, Arsen, Antimon, Wismut
3. Klasse: Halogene, d. h. Fluor-, Chlor-, Bromverbindungen
4. Klasse: Oxide und Hydroxide
5. Klasse: Karbonate, Nitrate, Borate
6. Klasse: Sulfate, Tellurate und Chromate, Molybdate, Wolframate
7. Klasse: Phosphate, Arsenate, Vanadate
8. Klasse: Silikate mit den Abteilungen Insel-, Gruppen-, Ring-, Ketten- und Band-, Schicht-, Gerüstsilikate

Bei den Beschreibungen der einzelnen Mineralien ist zu beachten: In der Regel folgt dem Namen die chemische Formel, das Kristallsystem, das spezifische Gewicht = Dichte (D.) und die Härte (H.) nach Mohs. Nach Möglichkeit sind die wichtigsten Fundorte angegeben.

Von den Elementen kommen in der Natur nur etwa ein Dutzend in gediegener Form vor; einige davon, wie Gold, Silber, Kupfer, auch Zinn, haben in der Geschichte der Menschheit eine hervorragende Bedeutung, sind es doch die ersten Metalle, die der Mensch der Frühzeit zu nutzen vermochte.

Die chemischen Elemente

Zum leichteren Verständnis der in diesem Buch vorkommenden chemischen Formeln folgt eine Liste der chemischen Zeichen und Elemente.

Ag = Silber (Argentum)
Al = Aluminium
As = Arsen
Au = Gold (Aurum)
B = Bor
Ba = Barium
Be = Beryllium
Bi = Wismut (Bismutum)
C = Kohlenstoff (Carbonium)
Ca = Calcium (Kalzium)
Ce = Cerium (Zer)
Cd = Kadmium
Cl = Chlor
Co = Kobalt
Cr = Chrom
Cu = Kupfer (Cuprum)
F = Fluor
Fe = Eisen (Ferrum)
H = Wasserstoff (Hydrogenium)
Hg = Quecksilber (Hydrargyrum)
K = Kalium
Li = Lithium
Mg = Magnesium
Mn = Mangan
Mo = Molybdän
Na = Natrium
Nb = Niobium
Ni = Nickel
O = Sauerstoff (Oxigenium)
P = Phosphor
Pb = Blei (Plumbum)
S = Schwefel (Sulphur)
Sb = Antimon (Stibium)
Si = Silizium
Sn = Zinn (Stannum)
Sr = Strontium
Ta = Tantal
Ti = Titan
U = Uran
V = Vanadium
W = Wolfram
Y = Yttrium
Zn = Zink
Zr = Zirkonium

Beschreibung der Mineralien

I. Klasse: Elemente (Grundstoffe)

Kupfer, Cu – kubisch; D. 8.95; H. 2.5 – 3.
Ziemlich häufig und dank seiner Weichheit das erste Gebrauchsmetall. Gediegenes Kupfer wurde in Ägypten schon 4500 v. Chr. kalt geformt (Beginn der *Kupferzeit*). Nach Erfindung des Metallschmelzens auch aus Kupfererzen (Malachit) gewonnen. Name von der Insel Zypern (Kypros) abgeleitet, wo (wie auch auf dem Sinai) schon in früher Zeit Kupferbergbau nachweisbar ist. Später mit Zinn legiert, dadurch härter und zu vielseitigerem Gebrauch geeignet (auch Waffen) – *Bronzezeit.* Das eigenartige Kupferrot ist oft unter einer grünen Oxidationsschicht von Malachit verborgen. Gediegen kommt Kupfer meist in feinverästelter Form (Dendriten), Drähten, Klumpen, seltener in gut ausgebildeten Würfel- oder Oktaederkristallen vor.
Reiche Lagerstätten sind in den USA (Keweenaw-Halbinsel im Oberen See, Michigan); schöne Stücke kommen aus Bogoslowsk (Ural) und Cornwall (England); in Deutschland im Siegerland und Odenwald; auch in Italien finden sich beachtliche Stücke in den Montecatini-Bergwerken im Val Cécina und bei Impruneta (Florenz) sowie an verschiedenen Orten der Toskana und Liguriens, immer in Begleitung der sogenannten »grünen Gesteine« (Gabbro, Diabas, Serpentin).

Quecksilber, Arsen, Antimon

Diese Metalle bzw. Halbmetalle kommen selten gediegen vor.
Quecksilber, Hg – flüssig, wird erst bei – 39° C fest, dann trigonal; D. 13.59. Findet sich in Tröpfchen im Zinnober bei Idrija (Jugoslawien), in den berühmten Gruben von Almaden (Spanien), in einigen Bergwerken am Monte Amiata (Toskana) und in Quarzitlinsen in Levigliani (Seravezza/Lucca).
Arsen, As – trigonal; D. 5.63; H. 3.5 Kommt in konzentrisch-schaligen, dunkelgrauen, schwarzbraunen Massen oder Knollen in Freiberg (Sachsen) und Andreasberg, den Vogesen, USA, Chile vor. In Italien kleinere Mengen in der Valtellina, in Brosso (Ivrea) und Sàrrabus (Sardinien). Oxide sind äußerst giftig (Schädlingsbekämpfung).
Antimon, Sb – trigonal; D. 6.61; H. 3 – 3.5 Gewöhnlich in derben, spätigen Massen, bleigrau, metallisch glänzend. Vorkommen im Harz, Böhmen, Kärnten, Schweden; auch in Italien: Sàrrabus (Sardinien), Val Cavargna (Como). In der älteren Medizin viel benutzt, heute als Härter für Blei (Letternmetall, Hartblei) und Zinn (Britanniametall).

Platin, Pt – kubisch; D. 21.46 (rein); H. 4 – 4.5.
Erstmals um 1750 in den Silbergruben Kolumbiens als besonderes Metall erkannt und wegen seiner silberweißen Farbe »Platina« = Silberchen benannt; man wußte wegen seines hohen Schmelzpunktes (1774°) nicht viel mit ihm anzufangen. Findet sich stets in Begleitung von magnesiumreichen, aber siliziumarmen Gesteinen, wie Gabbro, Peridotit. Gediegen als Körnchen oder Nuggets im Verwitterungsschutt platinhaltiger Gesteine, so z.B. in den 1822 entdeckten großen Lagerstätten im Ural (Perm). Vorkommen auch in Australien, Neuseeland und Alaska. Kristalle selten.

Strähniges Silber, Lockensilber. Nicola Secci, Sàrrabus (Sardinien)

Kupfer, stengelig-verzweigt (Dendrit), Michigan (USA)

Blätteriges Gold auf Quarz. Kalifornien (USA)

Graphit, C – hexagonal; D. 2.09 – 2.23; H. 1 – 2.
Kristalle äußerst selten; meist als mattschwarze, sich fettig anfühlende, dichte oder schieferige Massen in metamorphen Gesteinen. Große Lager in Irkutsk (Sibirien), bedeutende auch in Korea und die älteren in Österreich (Steiermark); abbauwürdig die Vorkommen in Italien (Val Pellice und Val Chisone/Piemont). Die Verarbeitung für Bleistiftminen (der Name Graphit kommt von »graphein« = schreiben und der Cumberland-Graphit hieß »black-lead« = Schwarzblei) ist heute weit weniger wichtig als die Verwendung für Elektroden, Schmelztiegel, trockene Gleitmittel und in der Reaktortechnik.

Silber, Ag – kubisch; D. 10 – 11; H. 2.5 – 3.
Gediegen ist Silber weit seltener als Gold und spielt als Mineral keine große Rolle; zumeist kommt es in den oberen Schichten von Blei-Silber-Erzlagern vor.
Der charakteristische weiße Silberglanz verdunkelt sich leicht an der Luft. Silber ist dehn- und schmiedbar; es tritt in verästelten, moosartigen oder verzerrten Klumpen auf – kubische oder oktaedrische Kristalle sind selten und zumeist sehr klein.
Berühmt sind die Lagerstätten von Kongsberg (Norwegen), wo man bis 25 cm lange, strähnige Stücke »Lokkensilber« fand; sehr bekannt auch die Fundstätten von Freiberg, Schneeberg und Johanngeorgenstadt (Sachsen), Andreasberg (Harz), Příbram und Jákymov (Joachimsthal) in Böhmen. Große Lager auch in Kanada, Mexiko, Bolivien u.a. In Italien in einigen Gruben des Sàrrabus (Sardinien) wie S'Arcilloni, Baccu Arrodas, Monte Narba, Tuviois.

Gold, Au – kubisch; D. 19.3; H. 2.5 – 3.
Das sagenumwobene, heil- und unheilbringende Gold ist, mit Kupfer, der früheste metallische Werkstoff. In primären Lagerstätten ist »Berggold« zumeist blech-, draht- oder zweigförmig in Gängen von Quarz, Pyrit, Kupfer- und Arsenkies eingesprengt. Kristalle – Würfel oder Oktaeder – sind sehr selten.
Das Goldgelb kann gelegentlich mit dem Gelb der Pyrite und Chalkopyrite verwechselt werden. Eine natürlich vorkommende hellgelbe Gold-Silber-Legierung wurde von den Griechen »Elektrum« benannt. Sprichwörtlich ist die unerreichte Dehnbarkeit, die schon von den ältesten Goldschmieden geschickt ausgenutzt wurde.
Anfangs wurden nur die Seifenlager ausgebeutet, wo man Monazit usw. und vor allem Magnetit (»Black Sand«) in kaum sichtbaren Fädchen, Körnchen, aber auch größeren Klümpchen (Nuggets) findet. Doch sollen Schürfer aus Zypern schon um 2000 v. Chr. in den Karpaten Berggold gewonnen haben. Die europäischen Seifen sind so gut wie erschöpft, wurde doch »Rheingold« und »Tauerngold« schon in der Kelten- und Römerzeit gewaschen. In Amerika führte die Entdeckung von Vorkommen zu den abenteuerlichsten »Goldrushes« (Kalifornien, Klondyke usw.). 1884 wurde am

Witwatersrand in Transvaal ein riesiges Lager von goldhaltigen Konglomeraten entdeckt. Seitdem kommt das südafrikanische Gold (dreiviertel der Weltproduktion) aus Goldfeldern, die sich in einem gut 450 km langen Bogen von Johannesburg nach Osten und Westen in den Transvaal erstrecken und nach Südwesten in den Oranjefreistaat hinunterreichen. In Europa wird noch Gold in der Slowakei und Rumänien gefördert, dort besonders bei Rosenberg (Roşia Montână) in Siebenbürgen. Spärlich ist die Ausbeute an Waschgold aus den Westalpenflüssen (Ticino, Sesia, Cervo, Dora Baltea). Beträchtliche Mengen werden als Nebenprodukt aus der Verhüttung anderer Erze, besonders von Kiesen, gewonnen.

Rechts: Gruppe von Schwefelkristallen, teilweise mit Calcit überzogen. Cozzodisi, Casteltermini (Agrigent)

Diamant auf Kimberlitgestein. Kimberley (Südafrika)

Diamant, C – kubisch; D. 3.5; H. 10.
Ein auffälliges Beispiel, in welch verschiedenen Modifikationen Stoffe auftreten können, wenn sich ihre Feinstruktur ändert. Graphit und Diamant sind beide reiner Kohlenstoff. Doch beim Graphit, weich, biegsam, schwarz, sind die Kohlenstoffatome im Sechseck, beim glasklaren, äußerst harten Diamant in Tetraedern angeordnet. Graphit ist nachgiebig, blätterig, die einzelnen Schichten hängen nur lose aneinander, anders beim kompakten Diamanten, der bei aller Härte spröde ist. Kleine Verunreinigungen und Einschlüsse ändern die Farbe des Diamanten in gelbliche, graue und in die am höchsten geschätzte »blauweiße« Tönung.
Aus der Härte schließt man, daß sich Diamant unter gewaltigem Druck und hoher Hitze im flüssigen Magma gebildet habe. Im Altertum, als man nur die Seifenlager von Indien und Borneo kannte, hieß er »Adamas« der »Unbezwingliche«. Erst im 18. Jahrhundert entdeckte man die verfestigten Seifen in Minas Gerais (Brasilien) und fast 150 Jahre später die in Südafrika, das heute der größte Diamantenlieferant ist. Dort kommt er im *Kimberlit,* einem eigentümlichen, aus Pyrop, Diopsiden und anderem zusammengesetzten Gestein vor, das in Vulkanschloten, den sogenannten »Pipes«, an die Oberfläche drang. Kimberley, Dutoispan, Bultfontain, De Beers sind die bekanntesten Gruben, Premier ist die ergiebigste Mine; dort wurde 1903 der bisher größte Diamant, der Cullinan, 3106 Karat, gefunden. Auch die UdSSR, Zaire, Südwestafrika und die USA sind auf dem Markt vertreten. Für industrielle Zwecke, wie Bohrkronen und Schleifmittel, werden auch künstliche Diamanten hergestellt.

Schwefel, S – rhombisch; D. 2.07; H. 1.5 – 2.5.
Bildet häufig recht prächtige, bipyramidale Kristalle, durchsichtig oder durchscheinend, lebhaft gelb, honiggelb, wenn mit Bitumen verunreinigt, rotgelb, harzig glänzend.
Schwefel ist ein vulkanisches Sublimationsprodukt und kann sich auch am Rand von Gasausbrüchen in Mikrokristallen als Anflug oder in Krusten bilden, in Solfataren (z.B. Pozzuoli bei Neapel), Milos (Griechenland) und in den Kratern noch aktiver Vulkane. Kleinkristalle bilden sich auch durch Umwandlung auf einigen Sulfiden, z.B. Bleiglanz (verschiedene Fundorte in Sardinien), Antimonglanz (Cetine di Cotorniano bei Siena), Pyrit (Grosseto/Toskana). Schöne, meist bituminöse Kristalle kommen aus den Schwefelgruben der Romagna und Marche (Italien), meist begleitet von Gips und Coelestin. In Sizilien (Bezirke von Agrigent, Catania, Enna) sind Schwefelkristalle zumeist von klarem Gips, pseudohexagonalem Aragonit, klarem Coelestin und weißem oder hellblauem Calcit begleitet. Durch die rationelle Gewinnung von Schwefel in den USA (Einpumpen von Heißdampf unter hohem Druck in die Fundstätten von Louisiana und Texas) wurde das bis in die ersten Jahrzehnte dieses Jahrhunderts bestehende Weltmonopol des sizilianischen Schwefels gebrochen.

Schwefel, rhombisch-bipyramidal. Links zwei Kristalle aus der Toskana, rechts aus Cianciana, Sizilien (Kristallschema unten)

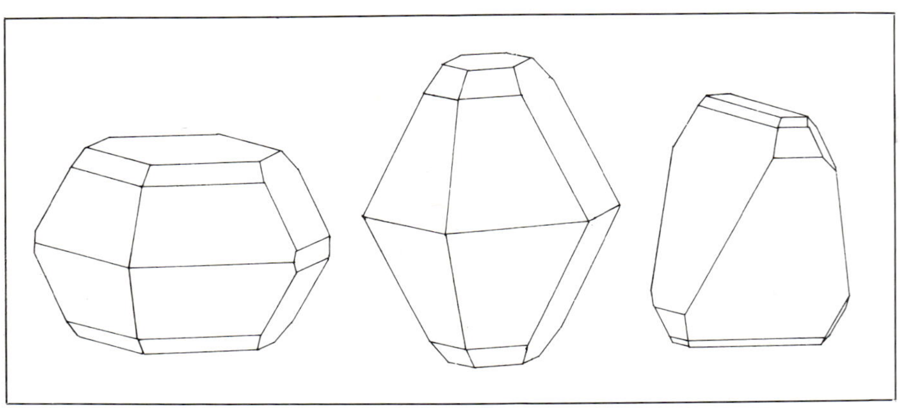

II. Klasse: Sulfide

In dieser Klasse sind sowohl Verbindungen von Metallen mit Schwefel als auch solche von Halbmetallen, wie Selen (*Selenide*), Tellur (*Telluride*), Arsen, Antimon, Wismut (*Arsenide, Antimonide, Wismutide*) zusammengefaßt. Die meisten dieser Minerale sind an ihrem Metallglanz kenntlich; bei manchen tritt Arsen an die Stelle des Schwefels. Viele sind von großer wirtschaftlicher Bedeutung.

Chalkosin, Covellin, Bornit

Chalkosin = Kupferglanz, Cu_2S – rhombisch; D. 5.6; H. 2.5 – 3, ist nächst Kupferkies ein wichtiges Kupfererz. Es findet sich nur selten in gut ausgebildeten Kristallen, zumeist als derbe, mikrokristalline Massen, dunkelbleigrau, mit muscheligem Bruch; oft in Begleitung von Bornit und Covellin. Schöne pseudohexagonale Kristalle kommen aus Redruth (Cornwall), Messina (Südafrika), Turja (Nordural); in Italien aus der Gegend von Montecatini (Toskana), Libiola (Ligurien), Calabona und Bena de Padru (Sardinien).

Covellin = Kupferindig ist weit seltener, CuS; D. 4.7; H. 1.5 – 2, das sich manchmal in hexagonalen, tafeligen, metallisch blauen Kristallen in Calabona (Sardinien), Butte (Montana/USA) und den Mansfelder Kupferschiefern findet.

Bornit = Buntkupfererz, Cu_4FeS_4 – tetragonal; D. 5.1; H. 3.

Zumeist in derben Massen; die muscheligen, bronzefarbenen Bruchflächen laufen rasch purpurviolett an, daher der Name »Buntkupfer«. Kristalle selten, dann aber sehr schön, besonders aus alpinen Klüften: Prägratten (Tirol), Rifelberg (Schweiz), Bristol (Connecticut/USA) und den bei Kupferglanz genannten Fundorten.

Argentit = *Silberglanz,* Ag_2S; D. 7 – 7.3; H. 2 – 2.5; Ein wichtiges Silbererz, fast immer von gediegenem Silber begleitet. Derbe, plattige Massen, bleigrau, mit Metallglanz, der an der Luft matt anläuft. Würfelige Kristalle aus den altbekannten Lagerstätten von Freiberg, Schneeberg, Annaberg (Erz- und Riesengebirge), Kremnitz, Banská Štiavnica (Schemnitz) Přibram, Jakymov (Joachimsthal) in der ČSSR und in einigen Silbergruben Sardiniens (M. Narba, Tuviois u. a.).

Sphalerit = *Zinkblende,* ZnS – kubisch; D. 3.9 – 4.1; H. 3.5 – 4.

Bildet oft prächtige, tetraedische Kristalle von gelber, roter, brauner bis schwarzer (wenn eisenhaltig) Farbe, blendeartigem Glanz, durchsichtig (selten) bis durch-

Links: Blätteriger Kupferindig (Covellin). Calabona bei Alghero (Sardinien)

Rechts: Kupferglanz (Chalkosin). Cornwall (England)

Rechte Seite: Zinkblende (Sphalerit) in der Varietät Marmatit, mit Pyrit und Quarz. Rodna Veche (Rumänien)

scheinend. Eisenreiche Varietäten heißen *Marmatit.* Dieses wichtige Zinkerz kommt zumeist in körnigen, derben Massen vor und bildet Gangfolgen in Kalken und Dolomiten sowie auch schalige Konkretionen (Schalenblende) im hydrothermalen Bereich. Fast ständiger Begleiter ist *Bleiglanz* = *Galenit.*

Rote Zinkblende (Sphalerit). Wales (England)

Große Lager im »Dreistaatendistrikt« (Oklahoma, Kansas, Missouri/USA), bei Bou-Bkere (Marokko), Broken Hill (Zambia). Weitere Lagerstätten im Harz, Siegerland, Bleiberg (Kärnten), den lombardischen Voralpen, Dolomiten, und in Sardinien. Prächtige rubinrote Kristalle kommen aus den »Dreistaaten«, besonders Joplin (USA), braunrote aus dem Binnatal (Schweiz) und vom Picos Europa (Spanien); schwarze, hochglänzende (Marmatit) in Trepča (Jugoslawien) und den Bottino-Gruben bei Seravezza (Apuanische Alpen); kleine rote Blendenkristalle in Seddas Modizzis bei Iglesias (Sardinien).

Wurtzit, Greenockit

Eine hexagonale, schwer erkennbare Modifikation der Zinkblende ist der strahlige, bräunlich-schwarze *Wurtzit,* den man z.B. in Příbram (ČSSR) gefunden hat.

Greenockit, CdS; D. 4.9–5; H 3–3.5; ein Cadmiumsulfid, Verwitterungsprodukt der Zinkblende, auf der es gelborange Anflüge bildet.

Kupferkies (Chalkopyrit). Pseudotetraedische Kristalle. Ani, Ugo (Japan)

Chalkopyrit = *Kupferkies,* $CuFeS_2$ – tetragonal; D. 4.1; H. 3.5 – 4.

Kommt selten in gut ausgebildeten Kristallen vor; die kleinen tetraedischen (eigentlich bisphenoiden) Formen sind schwer zu deuten. Meist in derben, messinggelben, metallisch glänzenden Massen, die rötlich und bläulich schillern. Kann leicht mit Pyrit verwechselt werden, der aber beim Ritzen ein schwarzes, Chalkopyrit ein grünlichschwarzes Pulver gibt. Das häufigste Kupfererz, von dem die USA in Arizona und Utah reiche Lagerstätten besitzen. Die besten Kristalle findet man in Pennsylvanien und Colorado (USA), Cornwall (England) und Japan. Berühmt die seit 1220 ausgebeuteten Lager von Kopparberg (Falun/Schweden). Einige Vorkommen auch im Siegerland, Harz, Sachsen, den österreichischen Alpen, in Italien im Val Sesia (Piemont) und Campiglia Marittima (Toskana).

Fahlerze, eine Mischungsreihe von Kupfersulfiden mit Antimon, Arsen, manchmal etwas Wismut. Sie sind kubisch, spröde, mit muscheligem Bruch und mit einem fahlen Schimmer überzogen. Die wichtigsten sind:

Tetraedrit = *Antimonfahlerz,* $Cu_3SbS_{3.25}$; D. 4.97; H 3 – 3.5.
Tennantit = *Arsenfahlerz,* $Cu_3AsS_{3.25}$; D. 4.62; H. 3.5 – 4.5.

Wie schon der Name sagt, kristallisiert der erste in Tetraedern von stahlgrauer oder eisenschwarzer Farbe, metallisch glänzend; meist aber in derben, körnigen, etwas ölig wirkenden Massen. Tritt an die Stelle von Sb Arsen, so erhält man ein anderes Mineral von fast gleichem Aussehen, aber seltener: *Tennantit.* Beide enthalten außerdem oft auch etwas Eisen. Silberhaltiger Tetraedrit heißt *Freibergit;* quecksilberhaltiger *Schwazit,* eine nickelhaltige, in den Apuanischen Alpen gefundene Varietät wurde *Frigidit* benannt; *Binnit* ist ein silberhaltiger Tennantit aus dem Binnatal (Schweiz). Schöne Kristalle kommen aus Freiberg/Sachsen, Kapnik (Rumänien), Cornwall (England). Ihren Reichtum verdankten die Augsburger Fugger u. a. den Schwazitlagern von Schwaz und Brixlegg (Tirol). Einige seltene Stücke von Fahlerzkristallen wurden in Baccu Arrodas (Sàrrabus/Sardinien) gefunden.

Pyrrhotin = *Magnetkies,* FeS – hexagonal; D. 4.58 – 4.65; H. 3.5 – 4.5.

Dieses Mineral, dessen griechischer Name »rötlich« bedeutet, findet sich gewöhnlich in derben, körnigen Massen oder in abgeflachten, rosettenförmigen, bronzefarbenen Blättchenaggregaten. Ein großes Lager von nickelhaltigem Magnetkies findet sich in Sudbury (Ontario/Kanada). Schöne Kristalle kommen aus Trepča (Jugoslawien) und Herja (Kisbànya/Rumänien). Rosettenaggregate wurden auch in Traversella (Piemont), im Passeiertal (Südtirol) und auf der Insel Elba gefunden. Bei Campiglia Marittima (Toskana) derbe Massen.

Antimonfahlerz (Tetraedrit), mit Kupferkies überzogen. Cornwall (England)

Nickelin = *Rotnickelkies,* NiAs – hexagonal; D. 7.7; H. 5.5.
Dieses auch *Arseniknickel* genannte Mineral kommt zur Hauptsache in Cobalt (Ontario/Kanada) vor. Es ist lichtkupferrot und metallglänzend. Einige Erzgänge auch im Harz, Erzgebirge, Böhmen und Sardinien.
Tritt Schwefel an die Stelle von Arsen, so haben wir *Millerit,* NiS – trigonal; D. 5.3; H. 3.5; wegen der dünnen nadel- bis haarförmigen Kristalle *Haarkies* genannt. Messing- bis speisgelbe Nadeln finden sich im Siegerland, in Saarbrücker Kohle, in der ČSSR, Cornwall (England) und den USA.

Galenit = *Bleiglanz,* PbS; D. 7.85; H. 2.5.
Wichtigstes und häufigstes Bleierz, eingesprengt in vielen hydrothermalen Gängen in derben, körnigen, grobfaserigen Massen, manchmal striemig (Bleischweif). Farbe bleigrau, frische Bruchflächen metallisch glänzend. Bildet häufig schöne, würfelige oder oktaedrische, gut spaltbare Kristalle. Oft mit etwas Silbergehalt. Bekannt sind die großen Würfelkristalle auf rosa Dolomit aus den Lagerstätten des »Dreistaatendistriktes« (Missouri, Kansas, Oklahoma/USA). Unter den vielen anderen Vorkommen müssen die von Bleiberg (Kärnten), Freiberg (Sachsen), Alston Moore (Cumberland/England), Broken Hill (Neusüdwales/Australien) erwähnt werden. Auch aus dem Harz kommen schöne Stücke. In Italien sind die Lager von Monteponi und Montevecchio (Sardinien) von Bedeutung; am Bottino (Seravezza) von Marmatit begleitet.

Cinnabarit = *Zinnober,* HgS – trigonal; D. 8.09; H. 2.5.
Das wichtigste Quecksilbererz, nach der alten Bezeichnung Merkurium für Quecksilber auch *Merkurblende* genannt; meist zusammen mit Antimonglanz und Rauschrot, manchmal mit Einschlüssen von gediegenen Quecksilbertröpfchen.
Die derben, körnigen Massen sind rotviolett, rotbraun bis schwarz; Kristalle sind selten, u.a. in Hunan (China), Almadén (Spanien), Ripa bei Seravezza (Toskana). Große Zinnoberlagerstätten sind in Idrija (Jugoslawien) und am Monte Amiata (Toskana, z.B. Bagni S. Filippo, Abbadia S. Salvatore usw., einige bereits den Etruskern bekannt); uralte Schürfungen hat man auch in Vallata (Belluno) Margno (Como) und Levigliani (Lucca) festgestellt. Die Vorkommen von Obermoschel (Pfalz) sind längst erschöpft. Dafür neue in den USA (Kalifornien: New Idria und New Almadén).

Metacinnabarit

Eine Modifikation des Zinnobers, von gleicher chemischer Zusammensetzung, jedoch kubisch; kommt in derben, schwarzglänzenden Überzügen oder kleinen tetraedischen, pseudoktraedischen Kristallen vor, z. B. in Levigliani bei Seravezza (Apuanische Alpen).

Blätterrosette von Magnetkies (Pyrrhotin). Kisbanya (Herja) Rumänien

Nadelkristalle von Millerit. Westerwald (Hessen-Nassau)

Bleiglanz (Galenit), würfeliger Oktaeder. Freiberg (Sachsen)

Zinnober-Konkretion. Abbadia S. Salvatore, Monte Amiata (Toskana)

Antimonit = *Antimonglanz*, Sb_2S_3 – rhombisch; D. 4.63; H. 2.
Ein sehr eigentümliches Mineral, das elegante, prismatische, langgestreckte und längsgestreifte Kristalle von stahlblauer Farbe bildet; der Metallglanz läuft matt an; gute prismatische Spaltflächen. Kristallgruppen, bis zu 50 cm lang, kommen aus den Minen von Ichinokawa (Insel Shikoku/Japan); andere aus Lešnica (Jugoslawien). Auch in Italien trifft man auf gute Kristalle: Cetine bei Siena, Scansano und Niccioleta (Grosseto) u. a. Derb in Gerrei (Sardinien). Die größten Lager hat China in den Provinzen Hunan, Kweitchou, Yünan.

Bismuthinit = *Wismutglanz*, Bi_2S_3 – rhombisch; D. 6.72; H. 2.
Äußerlich ähnlich dem Antimonglanz, aber seltener und kaum in Einzelkristallen zu finden. Vorkommen hauptsächlich in Bolivien, Cornwall (England), im Erzgebirge, Banat, Schweden, Australien. Zusammen mit Spat- und Roteisenstein (Siderit, Hämatit) findet es sich auch bei Crodo (Val d'Ossola/Piemont), auf den Inseln Vulcano und Elba, am Iseo-See und im Bezirk Iglesias (Sardinien).

Prismatischer Antimonglanz (Antimonit). Victoria (Australien)

Rechts: Nagyagit, seltenes Gold-Blei Tellurid. Siebenbürgen (Rumänien)

Links: Wismutglanz (Bismuthinit), prismatische Kristalle auf Spateisen (Siderit), Brosso bei Ivrea (Piemont)

Oben links: Schwefelkies (Pyrit) in Pentagondodekaedern. Rio Marina (Insel Elba)

Oben rechts: Markasit. Cornwall (England)

Pyrit = *Schwefelkies,* FeS_2 – kubisch; D. 5.1; H. 6 – 6.5.

Das häufigste Sulfidmineral, das in verschiedenen Bildungen auftritt und in manchen Lagern zu riesigen Massen angehäuft ist, aber auch fein verteilt in Gesteinen vorkommt. Mit Stahl angeschlagen, gibt Pyrit Funken (Pyr = Feuer), der Feuerstein der Büchsenmacher. Kristalle sind sehr häufig und liefern eine Mustersammlung von verschiedenen geometrischen Formen in ihren Kombinationen; es überwiegen Würfel (oft mit charakteristischer Flächenstreifung), Pentagondodekaeder (auch Pyritoeder genannt), Ikosaederkombinationen, dazu Durchdringungszwillinge usw. Schöner, messing- bis goldgelber Metallglanz; schwarzer Strich (vom Kupferkies zu unterscheiden, dessen Strich einen Stich ins Grüne hat). Pyrit wird heute vorwiegend zur Gewinnung von Schwefel für Schwefelsäure abgebaut, bei Kupfer- und Goldgehalt auch für diese Metalle verhüttet.

Von zahlreichen Vorkommen nur das wichtigste: Rio Tinto (Huelva/Spanien), größtes, auch kupferhaltiges Lager; andere in Skandinavien, Zypern, Mexiko, Transvaal usw. Schöne Kristalle kommen aus dem Schwarzwald (Münstertal), aus den Hohen Tauern und besonders aus Italien.

Markasit, Hauerit, Cobaltin, Ullmannit

Eine rhombische Modifikation des Schwefelkieses ist *Markasit.* Kristalle bilden plattige Aggregate oder auch

Unten: Pseudorhombische Prismen von Arsenkies (Arsenopyrit). Trepča (Jugoslawien)

Molybdänglanz (Molybdänit). Wolfram Camp, Nord Queensland (Australien)

Smaltin (Skutterudit) in Calcit. Irhtem (Marokko)

weiße, rötlich angehauchte Pentagondodekaeder in Tunaberg (Schweden) und Skutterud (Norwegen) findet; auch in Sardinien im Gebiet Arbus. Würfelige,

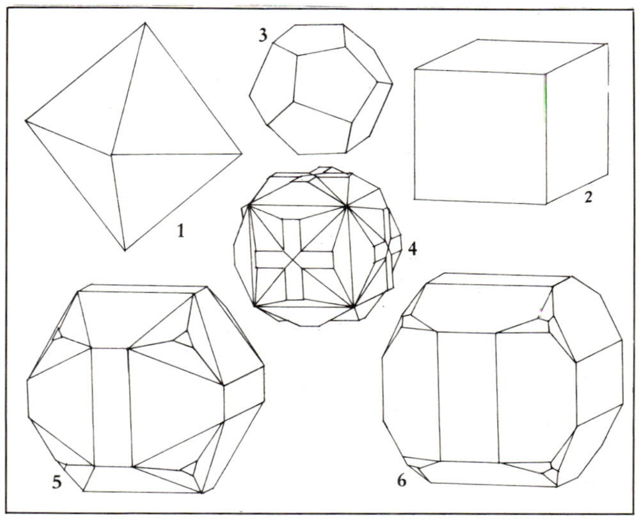

Rechts oben: Die häufigsten Kristallformen des Schwefelkieses (Pyrit). 1–4 sind Formen aus Traversella (Piemont): Oktaeder, Würfel, Pentagondodekaeder, Eisernes-Kreuz-Zwilling; die Ziffern 5 und 6 zeigen Kombinationsformen von der Insel Elba

kugelige, faser-strahlige Knollen; Farbe messinggelb, oft braun oxidiert. Die öfter in Ton- und Kalkmergeln gefundenen Rollstücke wurden manchmal mit Meteoriten verwechselt.

Ein seltenes Mangansulfid, kubisch, ist *Hauerit,* MnS_2, das man in braunen, opaken Oktaedern in Tonstufen der Minen von Destricella bei Raddusa (Sizilien) fand. Zwei weitere kubische Sulfide: *Cobaltin = Kobaltglanz,* CoAsS; D. 6.5; H. 5.5, von dem man silbergrauweiße Kristalle des Nickel-Antimon-Sulfides *Ullmannit,* NiSbS, kommen ebenfalls in Sardinien vor.

Lichtes Rotgültigerz (Proustit). Prismatische Kristalle. Andreasberg, Harz (BRD)

Arsenopyrit, FeAsS – monoklin; D. 6.07; H. 5.5 – 6. Dieses *Arsenkies* (auch Misspickel) genannte Sulfid kommt häufig in zinnweißen, schwach metallisch glänzenden, pseudorhombisch-prismatischen Kristallen vor. Es kann auch Gold enthalten, dessen Gewinnung dann wichtiger als die des Arsen ist. Schöne Kristalle kommen aus Freiberg (Sachsen), Cornwall (England), Trepča (Jugoslawien). Weitere Vorkommen in Boliden (Schweden), im Ural; in Italien in Valsugana Trient), in Val Sesia und Valle Anzasca (Piemont).

Molybdänit = *Molybdänglanz,* MoS_2 – hexagonal; D. 4.62 – 4.73; H. 1 – 1.5.

Das häufigste Molybdänerz, kommt in Pegmatiten, Quarzgängen, Graniten und Porphyrgesteinen vor in bleigrauen, krummblätterigen (biegsam, aber unelastisch) Schuppen. Größte Lager der Welt die Disseminate Ores in Colorado (USA). Mindere Vorkommen im Erzgebirge, Zillertal u.a., in Italien bei Gonnosfanàdiga (Sardinien), Cuasso al Monte (Varese), Monte Mulat (Trient) und Bivongi (Kalabrien). Schöne Stücke kommen aus Deepwater und Kingsgate in Neusüdwales (Australien).

Skutterudit = *Smaltin oder Speiskobalt,* $CoAs_3$ – kubisch; D. 6.6; H. 5.

Würfelige, meist kleine, zinnweiße Kristalle finden sich ziemlich häufig in Vorkommen in Deutschland (Mansfeld, Erzgebirge, Odenwald) und Marokko; vereinzelt bei Usseglio im Val di Lanzo (Piemont) und im Bezirk Iglesias (Sardinien).

Komplexe Sulfide

Von den zahlreichen komplexen Sulfiden, auch Sulfosalze genannt, zu deren Hauptvertreter auch Antimon-

fahlerz zählt, sollen hier nur die wichtigsten behandelt werden.

Proustit = Lichtes Rotgültigerz, Ag_3AsS_3, trigonal, kristallisiert in prismatischen oder rhomboedrischen Formen von scharlach- oder zinnoberroter Farbe. Die schönsten Kristalle kommen aus Chañarcillo (Chile). In Sardinien findet es sich bei Baccu Arrodas.

Pyrargyrit = Dunkles Rotgültigerz, Ag_3SbS_3 trigonal, rot, aber dunkler, ein ebenfalls wertvolles Silbererz, findet sich oft in Begleitung von Proustit. Der Name bedeutet eigentlich »Feuersilber«.

Bournonit = Rödelerz, $2\ PbS \cdot Cu_2S \cdot Sb_2S_3$, rhombisch, und andere ähnliche Bleierze wie: *Boulangerit,* $5\ PbS \cdot 2\ Sb_2S_3$; *Jamesonit, 4 PbS* $\cdot\ 3\ Sb_2S_3$; *Meneghinit,* $4\ PbS \cdot Sb_2S_3$ sind auf den ersten Blick schwer zu unterscheiden. Sie sind bleigrau bis schwarz, metallisch glänzend, prismatisch, oft nadelig und bilden manchmal verfilzte Aggregate (Varietät *Plumosit*). Man findet sie in vielen Bleilagerstätten, wie Trepča (Jugoslawien), am Bottino bei Seravezza (Apuanische Alpen, besonders Meneghinit), Hüttenberg (Kärnten), Cornwall (England).

Cannizzarit, $Pb_3Bi_5S_{11}$, ist ein seltenes Mineral, das sich aus vulkanischen Abdampfungen in hellgrauen, glänzenden Kriställchen in den Laven der Insel Vulcano ausscheidet.

Sartorit, $PbS \cdot As_2S_3$, und *Jordanit,* $5\ PbS \cdot As_2S_3$, sind zwei der zahlreichen Sulfide, die man im Dolomitmarmor des Binnatales (Schweiz) findet. Sie sind bleigrau, metallisch glänzend, tafelig oder prismatisch. Sartorit auch längsgestreift, Jordanit auch im Carrarischen Marmor.

Realgar – Auripigment

Realgar = Rauschrot, As_4S_4, monoklin;
D. 3.5; H. 1.5 – 2;
kommt derb, körnig oder in kleineren, hell-orangeroten, fettig glänzenden Kristallen vor, die an Licht und Luft leicht zu pulverigen Operment zerfallen. Berühmt sind die Fundstätten in Rumänien (Capnic, Sacaramb, Baia Sprié), ČSSR (Joachimsthal/Jákymov), Binnatal (Schweiz). In Klümpchen am Pizzo Scalino im Val Malenco (Lombardei) und seltener in einigen Zinnobergruben am Monte Amiata (Toskana).

Auch *Auripigment = Rauschgelb,* As_2S_3, ist monoklin. Kristalle sind selten; meist kommt es in erdigen, blätterigen, faserigen Massen vor; zitronen-, gold- oder braungelb, wenn frisch orangefarben. Vorkommen im Harz, ČSSR, Österreich, Jugoslawien. Bedeutende Lager in der UdSSR Rača Luchemi im Südkaukasus, woher auch größere Kristalle kommen; weiterhin in der Türkei und Persien.

Oben: Bournonit (Rödelerz) auf Siderit. Hüttenberg (Österreich)
Unten: Jordanit auf Dolomit. Binnatal (Schweiz)

Rechte Seite: Rauschrot (Realgar) mit Pyrit im Dolomitgestein. Binnatal (Schweiz)

III. Klasse: Halogenide

Unter Halogeniden (den Salzbildnern) versteht man eine Gruppe von Mineralen, in denen sich Metalle mit Fluor, Chlor, Brom und Jod zu Salzen verbunden haben. Sie sind von geringer Härte und niedriger Dichte. Die Farben sind sehr verschieden, besonders bei den Fluoriten. Einige sind von großer industrieller Bedeutung.

Steinsalz, NaCl, kubisch; D. 2.1; H. 2.
Ein für Mensch und Tier unerläßliches Mineral. Zumeist in kompakten oder körnigen Massen; Kristalle häufig, glasglänzend, durchsichtig; bei geringen Beimengungen Farbänderung: rot und gelb (Eisenoxid); grau (Bitumen oder Ton); blau (metallisches Natrium). Vollkommene, würfelige Spaltbarkeit. Oft wachsen die Kanten schneller als die Flächen, die dann trichterförmig vertieft erscheinen, sogenannte Skelettbildung. Viele Lagerstätten in Deutschland und Österreich; alle Ortsnamen mit Hall nach dem griechischen Wort halla deuten auf sie hin, wie Hall, Hallstatt (Österreich) usw. Bedeutendes Vorkommen Wielicka/Bochnia (Polen). In den großen Salzlagern Norddeutschlands stieß man auch auf Kali- und Magnesiumsalze, für die zunächst kein Interesse vorlag; diese »Abraumsalze« sind heute wichtige Edelsalze. Aus Sizilien kommen schöne weiße und violette Kristalle.

Sylvin, Carnallit

In Farbe und Form ähnlich dem Steinsalz, aber seltener, ist das Kalisalz *Sylvin,* KCl, eines der wichtigsten Edelsalze. Es kommt in würfeligen oder oktaedrischen Kristallen oder dichten Massen vor. Wichtig die Lager von Staßfurt (DDR) und Carlsbad (New Mexico/USA). Oft ist es in Begleitung von *Carnallit,* $KMgCl_3 \cdot 6 H_2O$, rhombisch, bildet aber selten klar erkennbare Kristalle; gewöhnlich in milchweißen oder rötlichen körnigen Massen.

Fluorit = *Flußspat,* CaF_2 – kubisch; D. 3.18; H. 4.
Wahrscheinlich eines der Minerale mit den meisten Farbvarianten, von glasklar bis dunkelviolett, grün,

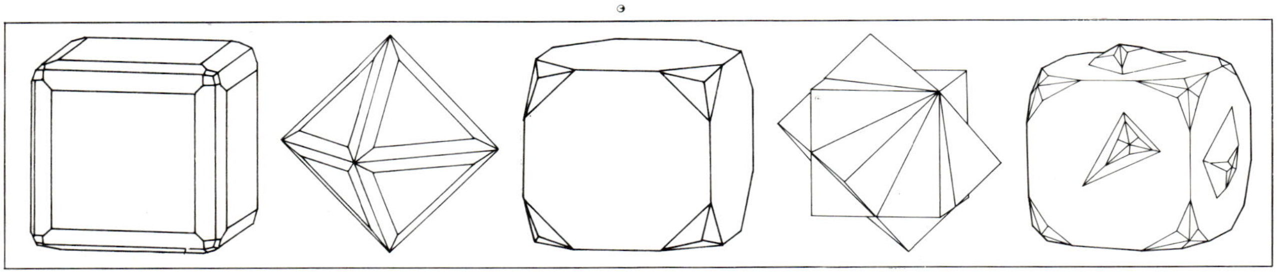

In den Zeichnungen sind die häufigsten Kristallformen und Zwillingskristalle von Fluorit dargestellt

Rechte Seite: Würfelkristalle von Fluorit mit Quarz. Durham, Cumberland (England)

Steinsalz. Santa Caterina Vallermosa (Sizilien)

Links: Atacamit. Chile

Rechts: Cotunnit auf Lava. Vesuv

gelb, himmelblau bis rosa. Prächtige Kristalle – vorwiegend Würfel und Kombinationen (Würfeloktaeder) – sind häufig. Deutliche Spaltbarkeit nach dem Oktaeder auch in derben Massen vorhanden. Schöne Kristalle gibt es in Stollberg (Harz), in der Oberpfalz usw., England, UdSSR, USA (Illinois, Kentucky); glasklare Würfel in Corvara (Bozen), grünlich-blauen Fluorit mit Baryt im Valsugana, mit Orthoklas und Quarz im Granit von Baveno (Lago Maggiore), violett in der Gegend von Bergamo, in Sardinien, rosa im Val d'Ossola (Piemont) und auf der Insel Giglio (Toskana).

Kryolith, Atacamit, Cotunnit, Nadorit

Im Aussehen ähnlich dem weißen kompakten Fluorit ist *Kryolith,* $Na_3[AlF_6]$ – monoklin;
D. 2.95; H. 2.5 – 3.
Kristalle, pseudokubisch, finden sich nur noch in der Lagerstätte von Ivigtut (Grönland).
Ein interessantes Salzkupfererz ist *Atacamit,* $Cu_2(OH)_3Cl$; D. 3.8; H. 3 – 3.5.
Meist in Aggregaten von dunkelgrünen, rhombisch-prismatischen Mikrokristallen; so in Chuquicamata in der Provinz Atacama (daher der Name) in Chile.
Noch seltener sind die rhombischen Minerale *Cotunnit,* $PbCl_2$, von dem man winzige farblose Kristalle in der Lava des Vesuvs fand, und *Nadorit,* $PbSbO_2Cl$, der in gelblichbraunen, tafeligen oder linsenförmigen Kristallen am Dschebel Nador in Algerien vorkommt.

Oktaeder von Rotkupfererz (Cuprit). Cornwall (England)

IV. Klasse: Oxide und Hydroxide

Als Minerale heißen Verbindungen mit Sauerstoff von einem oder mehreren Metallen Oxide; tritt dazu noch der Hydroxyl-Komplex OH, spricht man von Hydroxiden. Oft sind es sekundäre Minerale, das heißt solche, die sich aus der Umwandlung anderer Minerale bilden, wie z. B. Limonit, das aus der Verwitterung von Eisenverbindungen, Stibiconit aus Antimonit, usw. entsteht. Als Sonderfall sei Eis erwähnt, H_2O, das eigentlich auch zu dieser Klasse gehört; es kristallisiert hexagonal zwischen 0° und -80° C, kubisch bei noch tieferen Temperaturen.

Cuprit = *Rotkupfererz,* Cu_2O – kubisch; D. 6.14; H. 3.5 – 4.
Wichtiges Kupfererz, in den oberen Schichten von kupferhaltigen Lagerstätten verbreitet, wo es von der Entstehung her mit Malachit, Azurit und gediegenem Kupfer vermischt ist. Es kommt in dichten Massen, haarförmigen Aggregaten (Varietät *Chalkotrichit* = *Kupferblüte*) oder in braunroten, halbmetallisch glänzenden oder erdigen Oktaedern vor. Schöne Kristalle aus Redruth und Liskeard (Cornwall/England), Bisbee und Clifton (Arizona/USA), Chessy bei Lyon (Frankreich), Tsumeb (Südwestafrika). In Italien kommt es in Calabona bei Alghero und Rosas bei Narcao (Sardinien), auf der Insel Elba und bei Libiola (Ligurien) vor.

Tenorit, Zinkit = *Rotzinkerz*

Das seltene Kupferoxid *Tenorit,* CuO, findet sich in dünnen, schwarzglänzenden Blättchen auf der Lava des Vesuvs. Wo es in dichten Brocken mit muscheligen, pechglänzenden Bruchflächen auftritt oder auch in schwarzen, erdig-staubförmigen Aggregaten, heißt es *Melaconit.*
Rotzinkerz, ZnO, ist hexagonal, orangegelb oder dunkelrot, durchsichtig oder durchscheinend, mit fast diamantartigem Glanz. Vorkommen fast nur in den Minen von Sterling und Franklin (New Jersey/USA). Als große Seltenheit wurde es auch am Bottino bei Seravezza (Toskana) und im Gebiet von Iglesias (Sardinien) gefunden.

Magnetit-Oktaeder. Kollergraben, Binnatal (Schweiz)

Spinelle

Eine Gruppe von rund einem Dutzend verwandter Minerale mit der schematischen Grundformel AB_2O_4, wobei A als zweiwertige, B als dreiwertige Metalle zu verstehen sind. Demnach gibt es Aluminium-, Eisen- und Chromspinelle. Alle gehören dem kubischen System an und kristallisieren vorwiegend in Oktaedern, seltener in Rhombendodekaedern. Etliche sind von großer wirtschaftlicher Bedeutung.

Der eigentliche *Spinell,* $MgAl_2O_4$, D. 3.55; H. 7.5 – 8, kommt ziemlich häufig vor. Glasglanz, verschiedene Farben (rot, blau, grün), durchsichtig. Der durchsichtige rote Edelspinell wird auch Balasrubin oder Rubinspinell genannt. Eine grünlichschwarze, etwas Eisen enthaltende Varietät heißt *Pleonast,* eine braune, chromhaltige *Picotit.*

Edelsteinwertiger Spinell kommt vor allem aus den Seifenlagern von Ceylon, Birma und Madagaskar, große Oktaeder im Staat New Jersey (USA), Chlorospinell in Schweden vor. In Italien im syenitähnlichen Monzonit des Fassatales (Südtirol), den Laven des Vesuvs und Tuffen Latiums.

Sehr ähnlich sind *Hercynit,* $FeAl_2O_4$, der schwarze *Galaxit,* $MnAl_2O_4$, der dunkelgrüne *Gahnit,* $ZnAl_2O_4$ (dunkelblau in Tiriolo/Kalabrien); schöne Kristalle dieser Arten kommen aus den Minen von Franklin und Sterling (New Jersey) und Rowe (Massachusetts/USA). Von größter Bedeutung ist das an Eisen reichste Erz *Magnetit,* Fe_3O_4. Die Griechen nannten diesen Eisen anziehenden »Stein« Magnes, daher der Name. Kristalle – Oktaeder oder Rhombendodekaeder – sind schwarz, metallisch glänzend; Spaltflächen wie bei allen Spinellen undeutlich. Mit D. 5.17 steht Magnetit an erster Stelle der Spinelle, H. = 6. Manchmal mit etwas Chrom und Mangan angereichert.

Dieser *Magneteisenstein* ist in allen Eruptivgesteinen verbreitet. Die größten Lagerstätten haben Schweden (Kirunavaara, Gällivare, Luossavaara), die UdSSR (Magnitnaya Gora/Ural). Riesenkristalle fand man in Faraday (Ontario/Kanada). Auch im Gebiet der Alpen gibt es gute Kristalle, z.B. in Chloritschiefern der Tauern und Zillertaler Alpen, im Pfitschertal (Südtirol), Kärnten, am Riffelberg bei Zermatt. Die wichtigsten Lagerstätten Italiens sind bei Cogne (Val d'Aosta), Capo Calamita (Insel Elba), Traversella bei Ivrea (auch größere); winzige Rhombendodekaeder bilden dichte Füllungen in Serpentinspalten des Val Malenco (Lombardei); ferner auch in den Vulkantuffen des Latium.

Franklinit, ein Zink-Eisen-Spinell, $ZnFe_2O_4$, kommt nur bei Franklin (New Jersey/USA) vor, wo die in Calcit eingeschlossenen Oktaeder von Willemit, Zinkit, Granat begleitet sind.

Trevorit, ein Nickelspinell, $NiFe_2O_4$, metallisch schwarz, ist selten und kommt nur in Transvaal in oktaedrischen Kristallen vor.

Chromit = Chromeisenstein, $FeCr_2O_4$; D. 4 – 4.8; H. 5.5, das einzige für die Gewinnung von Chrom geeignete Erz, kommt meist in schwarzen, körnigen Massen in Serpentin- und Peridotit-Gesteinen (Rhodesien, Ural, Türkei) vor; mindere Vorkommen in der Steiermark, Südafrika (Bushveld), Kuba; kleine Linsen in den italienischen Alpen (Val Vigezzo, Val Malenco und Ziona bei Levanto/Ligurien).

Chrysoberyll-Vielling. Brasilien

Chrysoberyll

Chrysoberyll, Al_2BeO_4 – rhombisch; D. 3.7.

Ein Mineral von hoher Härte (8.5), das sich in Granit-Pegmatiten und Glimmerschiefer bildet. Die tafeligen gras- bis smaragdgrünen, gelben oder grünlichbraunen Kristalle sind häufig mehrfach verzwillingt. Als Edelsteine sehr geschätzte Varietäten sind der *Alexandrit* (durch Cr_2O_3 grüngefärbt), der im Kunstlicht violettrot erscheint, während die gelbgrünen bis braunen *Cymophane* bei mugeligem, also gewölbtem Schliff, eine beim Wenden wandernde, helle Linie zeigen und als »Katzenauge« sehr beliebt sind.

Hochwertige Alexandrite kommen aus dem Tokavaija-Fluß bei Swerdlowsk (Ural/UdSSR), in zweiter Linie aus Ceylon und Madagaskar; gelbgrüne Drillinge aus Minas Gerais und Espiritu Santo (Brasilien); gelbliche, plattige Kristalle und spitzwinklige Zwillinge wurden in Pegmatiten bei Ogliasca (Comer See) und vereinzelt bei Sòndalo (Valtellina/Veltlin) gefunden.

Korund, Al_2O_3 – trigonal; D. 4 – 4.1; H. 9.

Ein sehr wichtiges Mineral, das seit den frühesten Zeiten als Edelstein hoch geschätzt wird und zwar in der

Rechts: Korund in Zoisit-Gestein. M. Matabatu (Tansania)

durchsichtigen roten Qualität als *Rubin*, in der blauen als *Saphir*. Der gemeine Korund ist unansehnlich grau, wird aber schon in alten Steinbüchern als *Smirgel* (heute Schmirgel) beschrieben und immer noch als Schleifmittel und feuerfestes Material verwendet. Die glasglänzenden, gewöhnlich hexagonalen, säuligen, an den Enden zugespitzten Kristalle haben nur scheinbar eine Spaltbarkeit nach der Grundfläche. Je nach Art von Fremdeinschlüssen gibt es verschiedene Farbtöne von Grau, Rot, Blau, Gelb, Grün. Häufig ist rote oder orangerote Fluoreszenz im ultravioletten Licht.
Die am höchsten bewerteten Edelkorunde kommen aus Birma, Ceylon, Siam, Kaschmir (Saphire), sodann aus Australien und den USA. Rubin findet man in einem stark mit Zoisit durchsetzten Hornblendelager in Tansania; große Korundkristalle in Madagaskar. Schmirgel wird auf Naxos und Samos (Ägäische Inseln), in der Türkei und in den USA gegraben. Spärliche Vorkommen in der Eifel; in Italien graue kurze Kristalle an verschiedenen Stellen im Val Sesia (Rassa Val Sorba, Massera, Salaro Val Sabbiolo), im Kreis Biella (Zumaglia, Selve Marcone, Mosso S. Marina, Triverso) und im Piemont.

Hämatit, Fe_2O_3 – trigonal; D. 5.26, H. 5 – 6.
Hämatit – der Name bedeutet Blutstein wegen des roten Striches – ist ein sehr wichtiges Eisenerz. Es kommt

Hämatit. Rio Marina (Insel Elba)

Rechts: Brauner Perowskit. Val Malenco (Sondrio)

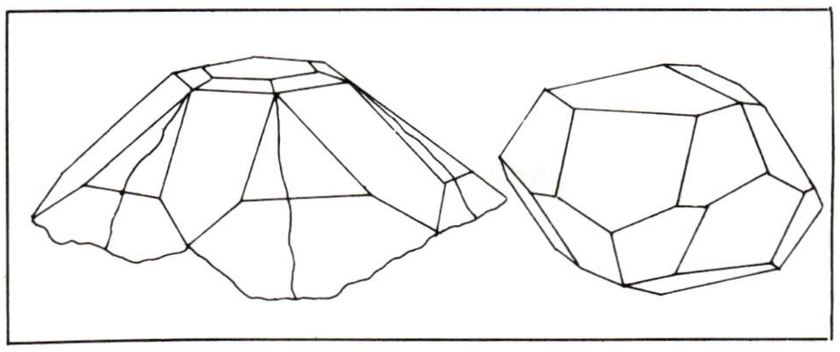

Schemazeichnungen zu Hämatit: Rhomboedrische Kristallformen aus der Verbindung zweier verschiedener Rhomboeder: links Dognácska (Ungarn), rechts Insel Elba

in derben, erdigen, ockerfarbenen Massen, faserigen, glimmerähnlich schuppigen Konkretionen, vor allem aber in blätterigen, linsenförmigen, auch rosettenartigen Aggregaten (Eisenrosen) vor; metallisch schimmernd, eisengrau bis schwarz (Eisenglanz), durch Verwitterung rotbraun (Roteisen). Eisenrosen finden sich oft auf dem Gotthard zusammen mit Adular, Quarz und Chlorit. Hämatit heißt auch *Oligist,* weil sein Eisengehalt geringer (griechisch »oligos« = wenig) als der des Magnetites ist. Kristalle findet man in Sachsen und im Siegerland, in alpinen Klüften Österreichs und der Schweiz usw. Bekannt sind die vielflächigen Kristalle aus Rio Marina (Insel Elba) und die plattigen oder rhomboedrischen, glänzenden *Specularite (Eisenglanz)* aus Brasilien. Blätteriger, schuppiger, glimmerartiger Hämatit in Brosso und Traversella bei Ivrea (Piemont) und im Val di Scalve (Bergamo).

Ilmenit, Perowskit, Stibiconit, Betafit

Äußerlich dem vorigen ähnlich, nämlich schwarz, glänzend, tafelig, ist *Ilmenit,* $FeTiO_3$, trigonal, selten in gut ausgebildeten Kristallen, zumeist körnig oder breitblätterig; Strich schwarz. Häufiger Gemengteil in basischen Magmatiten (Gabbro), Gneis, Diorit. Schöne Kristalle kommen aus Krågerö und Arendal (Norwegen), dem Binnatal (Schweiz), Bourg d'Oisan (Frankreich), dem Ural (UdSSR). In Italien einige Vorkommen im Val Malenco (Lombardei) und Val d'Ossola (Piemont).

Stibiconit, Verwitterungsprodukt von Antimonglanz. Poggio Fuoco, Manciano (Toskana)

Linke Seite: Ilmenit. Arendal (Norwegen)

Rechte Seite: Amethyst-Geode. Rio Grande do Sul (Brasilien)

Ein ziemlich seltenes, doch recht interessantes Mineral ist *Perowskit,* $CaTiO_3$, rhombisch oder monoklin, das schwarze, braune oder gelbe, pseudokubische Kristalle bildet. Schöne schwarze Kristalle kommen aus dem Ural; braungelbe, in Calcit eingeschlossene finden sich im Val Malenco (Lombardei), dunklere im Pfitschertal (Bozen) und Piossasco (Piemont).

Stibiconit, $SbSb_2O_6OH$, ein gelbliches, erdiges Mineral, ist ein Verwitterungsprodukt von Antimonit, den es oft vollständig verdrängt. Einzelkristalle und Gruppen dieses gänzlich umgewandelten Antimonits finden sich in S. Luis Potosì (Mexiko) und in Poggio Fuoco bei Manciano (Toskana).

Ein Urantitanat mit Kalzium und seltenen Erden ist *Betafit,* kubisch, das in pechschwarzen, glasglänzenden Oktaedern kristallisiert; muscheliger Bruch; gewöhnlich mit einer gelblichen Verwitterungs-Patina überzogen. Hauptfundstätten in Madagaskar.

Quarzgruppe: Quarz, Tridymit, Opal

Quarz ist als gesteinsbildendes Mineral von Wichtigkeit und ungemein verbreitet; er ist in seinen Varietäten zu mehr als einem Viertel an der Erdkruste beteiligt. In metamorphen und Ergußgesteinen wie auch in Sedimenten.

Quarz, SiO_2, trigonal; D. 2.65; H. 7, kristallisiert vorwiegend in sechsseitigen Prismen, die durch zwei

Bergkristall. Sasso Nero, Valle Aurina (Ahrntal, Bozen)

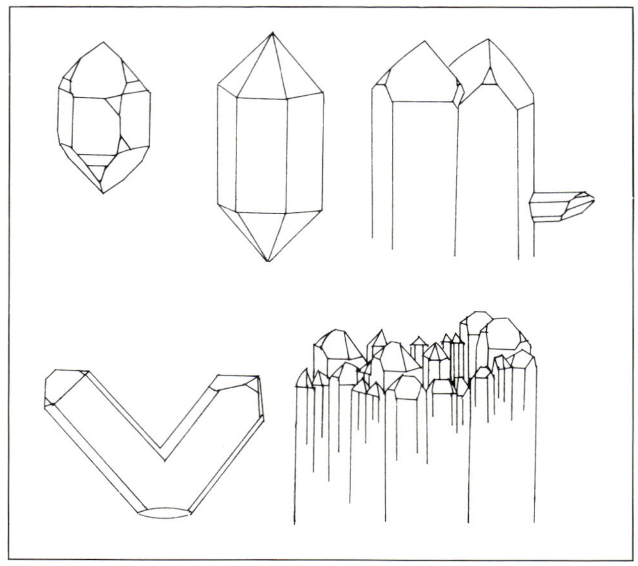

Quarz: Prismatische Formen, regelmäßige Gruppen und Zwillinge

Rhomboederflächen zu einer scheinbaren Pyramide ergänzt werden. Dazu kommen noch Trapezoederflächen usw. Fremdionen u. a. verursachen oft schöne und geschätzte Verfärbungen, z.B. braun = *Rauchquarz,* schwarz = *Morion* (beide Bestrahlungsverfärbungen), violett = *Amethyst,* gelb = *Citrin* (durch Spuren von Eisen), *Rosenquarz, Blauquarz* (durch feinste Rutilnädelchen), lauchgrüner *Prasem* (durch feine Strahlsteinnadeln), schillernder *Aventurin* (durch Glimmer), *Tigerauge* (durch Krokydolithasbest). Am bekanntesten ist der glasklare (hyaline) *Bergkristall,* der sich in der ganzen Welt findet und nicht selten meterlange Kristalle bildet (Bayern, Österreich, Schweiz, Frankreich/Bourg-d'Oisan, Dauphiné), mit Turmalin aus Brasilien. Tadellos glasklar im Marmor von Carrara (Toskana) und am Dosso dei Cristalli (Lombardei). Herrlicher Rauchquarz am Gotthard. Amethyste, Citrine und Rosenquarz kommen hauptsächlich aus Brasilien.

Chalzedon ist eine feinkristalline, faserige Ausbildung des Quarzes, in dichten Verwachsungen von weißer, schwarzer, graublauer Farbe, durchscheinend. Bunt

gebänderter Chalzedon heißt *Achat*, schwarz-weißer, undurchsichtiger *Onyx*. Es würde zu weit führen, alle Namen für die zahlreichen Farbvarianten aufzuführen. Gutes Material für die Schmucksteinindustrie kommt aus Brasilien und Uruguay.

Jaspis, Diaspor, ebenfalls eine dichte, feinkristalline Ausbildung des Quarzes, durch Verunreinigungen mit Ton, Eisen oder anderem verschieden grün, rot, gelb, schwarz gefärbt. Als häufig vorkommendes Mineral wurde Jaspis schon in der Antike und Renaissance viel als Ornamentstein für Schmuck- und Ziergegenstände verwendet. Brauner und roter Jaspis kam aus Ägypten (Nilkiesel); verschiedenfarbiger kommt in den toskanischen Apenninen vor, gelbbraun, dunkelrot und grün gestreifter Bandjaspis in manganhaltigen Lagerstätten auf der Insel S. Pietro (Sardinien).

Tridymit hat zwar die gleiche Formel wie Quarz, kristallisiert jedoch rhombisch (Hochtridymit hexagonal) in weißen, sechsseitigen Tafeln und bildet auch Viellinge. Er findet sich nur in vulkanischen Gesteinen, z. B. in der Eifel, am Puy-de-Dôme (Frankreich) und in den Euganeischen Bergen bei Padua (Zovon, S. Pietro Montagnon).

Opal ist hingegen eine amorphe Kieselsäure mit mehr oder weniger Wassergehalt, $SiO_2 \cdot nH_2O$, meist in derben Massen eingesprengt in Adern, Nestern, Krusten; matt, glas- oder wachsartig glänzend, farblos und alle Farben. Edelopale mit schillerndem Farbenspiel werden vor allem in Australien gefunden; gelbe oder rote *Feueropale* kommen aus Zimapàn (Mexiko); *Milch-*

Oben: Rauchquarz. Val Giuf, Sankt Gotthard (Schweiz)

Rechts: Bandjaspis. Sibirien

Links: Chalzedon-Achat. Brasilien

Linke Seite: Chalzedon-Achat mit Karneol-Kern. Brasilien

opale in piemontesischen Fundstätten in Begleitung von Magnesit (Casaletto, Baldissero Canavese). *Hyalit* heißt ein glasklarer Opal, der im ultravioletten Licht oft grün fluoresziert; findet sich in Anflügen auf Granit von Baveno. *Holzopal* – verkieseltes Holz – wird nicht selten in ganzen Stämmen in den USA (Clover Creek/Idaho), aber auch in Ägypten und Brasilien gefunden; ansehnliche Stämme wurden auch am Omodeo-See in Sardinien entdeckt. Für schwarzen Opal werden Liebhaberpreise bezahlt.

Edelopal. Queensland (Australien)

Rutil, TiO_2 – tetragonal; D. 4.25; H. 6 – 6.5. Kommt in kurzen, längsgestreiften Prismen, Nadeln, draht- und netzförmigen Aggregaten vor; durchscheinend bis durchsichtig, metallisch glänzend; rot, braunrot, gelblich, bläulich, violett. Häufig knieförmige Zwillinge und ringförmige Sechslinge. Die kupferrote Varietät mit blätterigen Einzelkristallen oder verflochtenen Viellingen, die oft im Quarz netzartig eingeschlossen sind, heißt *Sagenit.* Rutil ist ein häufiges Nebengemengteil vieler magmatischer Gesteine und kristalliner Schiefer. Lange, gestreifte Prismen, oft verzerrt oder zerbrochen, finden sich im Quarz von Val Chiusella (Piemont); knieförmige Zwillinge im Gneis der Ossola und in der Schweiz (Binnatal, Tavetsch,

Links: Verkieselter Baumstamm – Holzopal. Ägypten

Rechts: Feueropal. Zimapan (Mexiko)

Nadelrutil mit Chlorit. Ahrntal (Valle Aurina, Bozen)

Kassiterit-Zinnstein (Vogelschnäbel). Hornì Slavkov (Schlaggenwald, Böhmen)

Gotthard), wo auch Sagenit vorkommt; größere Kristalle im Ural, Viellinge in Graves Mountain (USA), als Nadelkristalle findet man sie im Ahrn- und Pfitschertal (Südtirol).

Kassiterit = *Zinnstein,* SnO_2 – tetragonal; D. 6.99; H. 6 – 7.

Praktisch das einzige abbauwürdige Zinnerz. Die Phönizier holten es sich aus den berühmten Kassiteriden, den Zinninseln, wahrscheinlich Cornwall, und bauten mit dem für die Bronzelegierung begehrten Metall ihre beherrschende Stellung im Mittelmeerhandel aus. Es kommt in körnigen Massen oder verschieden geformten prismatischen Kristallen vor; rötlich oder schwarzbraun, starker Blendeglanz. Die eigenartigen Zwillinge mit einspringendem Winkel nennt man Visiergraupen; nadelige Kristalle Nadelzinn, schalig knollige Holzzinn, abgerollte Seifenzinn. Große Lagerstätten in Bolivien und Indonesien. Die schönsten Kristalle und Zwillinge kommen aus Cornwall, Zinnwald (böhmisch-sächsische Grenze), Panasqueira (Portugal) und Katanga. Brauchbare Kristalle finden sich noch in Spanien, das im Altertum das meiste Zinn lieferte. Als Seltenheit in Olgiasca (Comer See), Baveno (Lago Maggiore), Insel Elba, weniger bedeutend in M. Valerio (Livorno) und Canale Serci (Sardinien).

Pyrolusit, Psilomelan, Wad, Manganit

Eine Reihe von Mangan-Oxiden und -Hydroxiden ist unter der Sammelbezeichnung *Braunstein* zusammengefaßt. Es handelt sich um z.T. komplizierte Verbindungen oder um Verwitterungsprodukte, die in Begleitung anderer Minerale auftreten und nur durch genaue Untersuchung bestimmt werden können. Die wichtigsten sind:

Pyrolusit = *Weichmanganerz*, MnO_2 – tetragonal; D. ca. 5; H. 2 – 2.5.
Bildet derbe, faserige oder erdige Massen von stahlgrauer oder eisenschwarzer Farbe sowie schwarze, verästelte Auswüchse (Dendriten) in Klüften verschiedener Gesteine. Gut erkennbare prismatische Kristalle werden als *Polianit* bezeichnet. Pyrolusit ist das wichtigste Erz für die Gewinnung von Mangan, das in der Stahlindustrie benötigt wird.
Psilomelan, $(Ba,H_2O)_2Mn_5O_{10}$, bildet keine Kristalle, sondern nur schwärzliche, dichte, knollige, stalaktitische, erdige Massen. Bei den Bergleuten heißt er *Schwarzer Glaskopf*. Oft mit Pyrolusit, Goethit, Limonit, Braunit und anderen vermengt.
Poröse, schaumige, erdige Massen aus Braunstein verschiedener Zusammensetzung nennt man *Wad;* Kristalle sind darin überhaupt nicht zu erkennen.
Manganit, MnOOH – monoklin; D. 4.3; H. 4.
Kristallisiert in gestreiften Prismen von stahlgrauer oder eisenschwarzer Farbe. Berühmt sind Kristallgruppen aus Ilfeld (Harz), Ilmenau (Thüringen), Siegen (Westfalen).

Anatas, Brookit

Anatas, früher als Oktaedrit bekannt, hat die gleiche chemische Formel wie Rutil, TiO_2, ist ebenfalls tetragonal, hat aber geringere Dichte (3.9), bildet honiggelbe, blauschwarze, braune langgestreckte Prismen oder Bipyramiden; in den durchscheinenden Varietäten glasig oder metallisch glänzend. Wie Rutil findet sich Anatas in metamorphen Gesteinen der Alpen, Dauphiné, im Schweizer Binnatal, am Gotthard, im Ossolatal (Piemont) und Valtellina-Veltlin (Lombardei) und Österreich.
Ähnlich in der Zusammensetzung, jedoch rhombisch, ist *Brookit* mit tafeligen oder prismatischen, gelblichbraunen, rötlichen, eisenschwarzen Kristallen; er kommt fast stets in Begleitung von Anatas in kristallinen Schiefern vor, z.B. in Beura (Ossola/Piemont) und im Maderanertal (Schweiz).

Wolframit, $(Mn,Fe)WO_4$ – monoklin; D. 7.25; H. 4 – 5.
Wichtiges Wolframerz, das sich nur selten in kurzen prismatischen oder dicktafeligen Kristallen vorfindet, meist aber grobstrahlig, blätterig; vollkommene Spaltbarkeit; Farben dunkelgrau, schwarz oder braunschwarz.
Wenn Kristallformen fehlen, kann Wolframit leicht mit Kassiterit verwechselt werden, doch fehlt diesem die Spaltbarkeit.
Große Lagerstätten sind in der Provinz Kwangsi (China), den USA, Portugal, Bolivien. Gute Kristalle kommen aus dem böhmisch-sächsischen Erzgebirge (Zinnwald, Horni Slavkov), Panasqueira (Portugal), Llallagua (Bolivien), Colorado (USA). Einige Fundstätten auch bei Traversella (Piemont), im Valsugana (Trient) und Sardinien.

Rechte Seite: Wolframit mit Zinnwaldit. Panasqueira (Portugal)

Columbit, Euxenit

Columbit ist eine Mischung der beiden Oxide *Niobit*, $(Fe,Mn)\ Nb_2O_2$ und *Tantalit*, $(Fe,Mn)Ta_2O_2$ – rhombisch, und bildet prismatische oder tafelige Kristalle von pech- oder eisenschwarzer Farbe. Gute Stücke kommen aus Skandinavien, den USA, Zaire, Australien; kleine, blätterige Kristalle finden sich in Pegmatiten im Val Vigezzo (Piemont) und Olgiasca (Comer See). Die Seifenlager in Nigeria liefern 80% der Weltproduktion an Niobium.
Euxenit enthält neben seltenen Erden auch Uran. Es ist schwarz, glasig-fettig glänzend, mit muscheligem Bruch; große Vorkommen in Schweden, Norwegen und vor allem Madagaskar, wo auch fächerige Kristalle gefunden werden.

Brauner Anatas (auch Oktaedrit). Kollergraben, Binnatal (Schweiz)

Uraninit = *Uranpecherz,* UO_2 – kubisch; D. 10.63; H. 5 – 6.
Dieses wichtige Uranerz kommt in derben oder nierigen Massen von glasigem Aussehen und Streifengefüge wie auch in vorwiegend würfeligen oder oktaedrischen Kristallen vor. Farbe stets schwarz, an Bruchflächen Pechglanz.
Im 18. Jahrhundert wurde das schwere, damals kaum verwertbare Mineral von sächsischen Bergleuten *Pechblende* genannt; in ihr entdeckten in den neunziger Jahren des vorigen Jahrhunderts Becquerel die Radioaktivität und Curie das Radium. Erst 1940 begann die Gewinnung von Uran für spaltbares Material und damit der Uran-Run. Die größten Lagerstätten haben Kanada, die USA und Katanga. Schöne Würfelkristalle kommen aus Wilberforce (Kanada), Shinkolobwe (Katanga), Joachimsthal-Jákymov (Böhmen). Verstreut in Schiefern und anderen Gesteinen wurde Pechblende auch in Tälern der Alpen und Voralpen festgestellt.

Curit, Gummit

Curit, eines der wasserhaltigen Oxide oder Hydroxide des Urans, kommt in derben, erdigen, orangeroten Massen vor, hauptsächlich in Katanga.
Gummit ist, wie Bauxit, Limonit und Wad, eigentlich kein Mineral, sondern ein Gemenge verschiedener Uran-, Blei-, Torium- usw. Hydroxide. Dementsprechend ist es gelb, orange, rötlich, braun oder schwarz. Als Verwitterungsprodukt des Uranpecherzes findet es sich oft in dessen Begleitung.

Brucit, $Mg(OH)_2$ – trigonal; D. 2.39; H. 2.5.
Kommt in Begleitung von Serpentin und metamorphen, magnesiumhaltigen Kalksteinen vor; tafelige, seltener prismatische Kristalle mit vollkommener Spaltbarkeit nach der Basis, sonst in faserigen, blätterigen, glimmerartigen Adern. Im allgemeinen weiß, doch auch grau, gelbbraun, blaugrün, mit schillerndem Glanz. Die faserige Modifikation (Fasern bis 30 cm lang) heißt *Nemalith.*
Interessante Stücke findet man in Hoboken (New Jersey) und in der Tilly Foster Mine bei Brewster (New York/USA), bei Kraubath in der Steiermark und in Schweden. Aus italienischen Fundstätten kommen farblose, durchsichtige, 15 bis 20 mm lange Kristalle oder breite graugrüne Plättchen (Val d'Astico/Vicenza), vorwiegend weißer Brucit in Emarese und Cogne (Val d'Aosta), Predazzo (Trient), Capo Teulada (Sardinien). Wo genügend mit Brucit angereicherte Lagerstätten vorhanden sind, werden diese zur Gewinnung von Magnesium ausgebeutet.

Limonit = *Brauneisenstein*

Sammelname für nicht näher bestimmte Gemenge aus Goethit = Nadeleisenerz α FeOOH und/oder Lepidokrokit = Rubinglimmer γ FeOOH.

Euxenit, oberflächlich verwittert. Ambatofotskyely (Madagaskar)

Als Verwitterungsprodukt sind Form und Aussehen sehr verschieden; stalaktitisch, nierig, traubig, erdig, porös, als Anflug. Faserige Konkretionen von dunkelbrauner oder ockergelber Farbe sind dem Goethit zuzuschreiben. Nächst dem Hämatit ist Brauneisen das am weitesten verbreitete Eisenerz und wurde als erstes verhüttet; es lieferte auch die Ockerfarbe für die Felsmalereien der Jungsteinzeit. Hübsche Kristalle kommen aus Deutschland, Rio Marina (Insel Elba) und Pennsylvanien (USA). Im Dogger von Lothringen und Luxemburg wird *Minette* = oolithisches Brauneisen abgebaut.

Goethit-Konkretion. Amberg, Pennsylvanien (USA)

Bauxit

ist ein Gemenge von Tonerde-Silikaten, wie *Böhmit, Diaspor* (beide rhombisch), *Hydrargillit* (monoklin) und *Kliachit (Alumogel).* Meist weiß, bei etwas Eisengehalt ziegelrot. Bauxit, das einzig brauchbare Aluminiumerz, hat erst vor knapp 80 Jahren, seit 1894, seine große Bedeutung gewonnen, als es gelungen war, ein wirtschaftliches Verfahren zur Gewinnung dieses Leichtmetalls auszuarbeiten. Große Lagerstätten bei Les Baux (Provence, woher auch der Name stammt), in Jamaica, Australien, Jugoslawien (Istrien, Dalmatien), Guayana (Südamerika); geringere Vorkommen in den Abruzzen und in Apulien (S. Giovanni Rotondo).

Rechts: Breitblätteriger Brucit. Val d'Astico, Vicenza (Italien)

V. Klasse: Karbonate, Borate, Nitrate

In dieser Klasse sind die Karbonate am häufigsten vertreten, d.h. chemische Verbindungen eines oder mehrerer Metalle mit der Anionengruppe $[CO_3]^{--}$. Meist handelt es sich um Minerale von mittlerer oder niedriger Härte, weiß oder auch lebhaft farbig, manchmal durchscheinend bis durchsichtig, die oft sehr schöne Kristalle ausbilden. Man kann sie leicht von anderen Mineralien unterscheiden, da sie sich in Salzsäure brausend auflösen.

Die ziemlich seltenen Borate finden sich nur vereinzelt in abbauwürdigen Lagerstätten; zum größeren Teil haben sie geringes spezifisches Gewicht, sind glasig oder fettig glänzend, farblos, weiß, grau, durchscheinend bis durchsichtig. Wässerige Borate werden an der Luft matt und mehlig und zerbröckeln.

Die in der Natur äußerst seltenen Nitrate in Mineralform seien wenigstens erwähnt; die großen Lagerstätten in Chile sind Guanoablagerungen und als Ursprung des Chilesalpeters, also *Natriumnitrat,* von großer wirtschaftlicher Bedeutung.

Magnesit = *Bitterspat,* $MgCO_3$ – trigonal; D. 3; H. 4 – 4.5.

Findet sich in dichten, weißlichen Massen, aber auch rhomboedrisch-prismatischen Kristallen – farblos, grau, gelbbraun, opak oder durchscheinend. Hübsche, blätterige Kriställchen verkrusten manchmal den Bergkristall am Dosso dei Cristalli im Val Malenco (Lombardei); dichter, weißer Magnesit in Begleitung von Opal im Piemont. Zwei eisenhaltige Varietäten werden *Breunnerit* und *Mesitinspat* genannt. Breunnerit-Rhomboeder im Schiefer des Pfitschertales (Bozen) und im Zillertal; gelbbrauner, linsenförmiger Mesitin – *Pinolith* genannt, in Brosso (Piemont). Weitere Vorkommen in mehreren Lagern in Österreich (Pinzgau, Veitsch/Steiermark, UdSSR (Satka/Ural).

Smithsonit = *Zinkspat,* $ZnCO_3$ – trigonal; D. 4.4; H. 4.5 – 5.

Der Name dieses Minerals stammt von James Smithson, dem Gründer der berühmten Smithsonian Institu-

Links: Bitterspat (Magnesit) auf Quarz. Dosso dei Cristalli, Val Malenco (Italien)

Rechts: Grüner, nieriger Smithsonit. Laurion (Griechenland).

Rechte Seite: Gebänderte Smithsonit-Konkretion. Montevecchio, Gúspini (Sardinien)

tion in Washington. Smithsonit ist in Zink-Blei-Erz-lagerstätten sehr verbreitet, wo es oft die Blenden zurückdrängt. Meist derb, in nierigen, schaligen, stalaktitischen, auch erdigen Massen, wird leicht mit *Hemimorphit = Kieselzinkerz* verwechselt und unterschiedslos *Galmei* (aus dem Italienischen calamina) genannt.

Zinkspatkristalle sind selten, klein, weiß oder gelblich, meist rhomboedrisch, durchscheinend mit leichtem Fettglanz. Anflüge können jedoch gelb, grün, grau, hellblau oder milchweiß sein. Schöne Kristalle kommen aus Tsumeb (Südwestafrika), Broken Hill (Neusüdwales/Australien); blaue, derb-nierige Stücke aus Laurion (Griechenland) und Magdalena (Mexiko). Schön lebhaft gelb ist der gebänderte Zinkspat von Iglesias (Sardinien), braun und gelb am Monteponi (Sardinien).
Pseudomorphosen von braunem Smithsonit nach Calcit findet man in Campo Pisano bei Iglesias.

Eine andere eisenhaltige Modifikation, *Monheimit*, kommt in gelblichen skalenoedrischen kleinen Kristallen in Montevecchio (Sardinien) vor.

Eisenspat (Siderit) in braunen Rhomboedern mit gut sichtbaren Spaltflächen. Neudorf, Harz

Links: Brauner Eisenspat (Siderit). Cornwall (England)

Rechte Seite: Hexagonaler Phantom Siderit, in dem man die Schatten der trigonalen Zuwachsflächen erkennt; auf Quarz. Cornwall (England)

Links: Rhodochrosit (oder Diallogit). Kapnic (Rumänien)

Rechts: Sphaerokobaltit. Musonoi (Katanga)

Siderit = *Eisenspat,* $FeCO_3$ – trigonal; D. 3.96; H. 3.7 – 4.2.
Ein sehr verbreitetes Eisenerz, das viel verhüttet wird, obzwar sein Gehalt an Eisen geringer als der des Magnetits und Hämatits ist. Derbe, spätige, körnige Massen, rhomboedrische, linsenförmige Kristalle mit deutlich sichtbaren Spaltflächen nach dem Rhomboeder; gelblich- oder rötlich-braun, bei Mangangehalt durch Oxidation schwarz. Schöne Kristalle finden sich in Österreich (Kärnten, Steiermark), Redruth und Camborne (Cornwall), Morro Velho (Minas Gerais/Brasilien), im Siegerland und im Harz. In Italien erstrecken sich etliche Siderit-Horizonte in den Voralpen von Valsàssina bis Valtrompia; auch an einigen Stellen in Sardinien.

Sphaerokobaltit, Rhodochrosit

Sphaerokobaltit, $CoCO_3$, findet sich nur selten in Einzelkristallen, meist (wie die Vorsilbe sagt) in rundlichen, radialstrahligen Aggregaten mit kristalliner Oberfläche und als Krusten. Farbe rosarot mit Neigung, auf Graubraun nachzudunkeln. Die besten Stücke kommen aus Musonoi im Katanga; auch in Libiola und Valle della Neva (Ligurien) wurde Sphaerokobaltit gefunden.
Rhodochrosit = *Himbeerspat,* $MnCO_3$, zeichnet sich durch die schönen rosaroten Töne aus; kleine Kristalle meist nur in Drusen; die dichten, derben Massen werden gern zu Schmucksteinen verarbeitet. An der Luft verändert sich die Farbe wie bei allen nicht schon ursprünglich dunklen Manganerzen in Schwarzbraun. Kristallgruppen kommen aus verschiedenen Fundstätten: Sweet Home Mine, John Reed Mine u. a. (Colorado/USA), Kapnic (Rumänien) u. a. Dichte, lebhaft rosa gebänderte Massen aus der Provinz Catamarca (Argentinien) und sedimentären Mn-Lagern der UdSSR. Einige Vorkommen in Mn-Lagern Italiens (Val d'Aosta, Val Sesia, und Rossetto/Insel Elba).

Calcit = *Kalkspat,* $CaCO_3$ – trigonal; D. 2.71; H. 3.
Ein in großen Mengen weit verbreitetes und bekanntes Mineral, das die weitaus verschiedensten und flächenreichsten Kristallformen bildet (es wurden bisher rund 700 beschrieben), wobei die Spaltfähigkeit nach dem Rhomboeder stets vorhanden ist. Am meisten kommen Rhomboeder, Skalenoeder und Prismen vor; häufig lamellare Verzwillingungen, stets Doppelbrechung (Doppelspat). Kommt in dichten, körnigen Massen als Kluftfüllung, Sinterbildung, faserig, erdig vor; glasig glänzend, auf Spaltflächen oft perlmuttschimmernd. Kann durchsichtig, durchscheinend, opak, farblos, gelb, braun, rosa, blau, grünlich, rötlich usw. sein; oft rosa Fluoreszenz im UV-Licht. Aus Lösungen bilden sich in Klüften und Höhlen braune, rote, weiße Krusten, Stalaktiten (von oben nach unten), Stalagmiten (von unten nach oben wachsend) oder scheidet sich als

Rechte Seite: Oben: Prismatischer Calcit. Andreasberg (Harz)

Unten: Parallel-Ausbildung von Zwillingen bei Calcit-Skalenoedern. Korsnäs (Finnland)

Rosa Dolomit. Seddas Moddizzis bei Iglesias (Sardinien)

Ankerit. Brosso bei Ivrea (Piemont)

Travertin aus. Manche hübschen, faserigen Ausbildungen werden fälschlich als Onyx oder Alabaster bezeichnet. Schöne farblose oder gelbliche, glasklare oder durchscheinende Skalenoeder kommen aus Cumberland und Mexiko, mit hellgrauem Sand durchsetzt sind Rhomboeder von Fontainebleau bei Paris; großer, glasklarer Doppelspat (Islandspat) aus Helgustadir (Island). Große weiße Skalenoeder finden sich am Molignon-Paß (Seiser Alp/Fassatal); weiße, opake oder durchsichtige Rhomboeder mit Quarz in Kalktrümmergesteinen der Porretta (Bologna), graue Prismen in Traversella bei Ivrea (Piemont). Bekannt auch die Fundstätten von Adorf (Hessen), Auernig und Bleiberg berg und Schneeberg (Sachsen), Cornwall (England), Keweenaw (Michigan/USA) zusammen mit gediegenem Kupfer; in der Schweiz (Binnatal), Trepča (Jugoslawien); rosa oder gelbliche sattelförmige im Chalkopyrit und Bleiglanz von Joplin (Missouri) und Picher (Oklahoma/USA); weiße Rhomboeder in Brosso und Traversella (Piemont), sattelförmige in den lombardischen Voralpen.
Ähnlich im Aussehen, jedoch braun, ist *Ankerit*, von dem schöne Kristalle vorkommen am Erzberg bei Eisenerz (Steiermark) mit der ganz aus Ankerit bestehenden »Rohwand« sowie in Traversella und Brosso (Piemont).

Pseudohexagonale Aragonit-Kristalle. Agrigent (Sizilien)

(Kärnten) und der Schweiz. Die großen Sedimentlager von »Kalksteinen« bestehen zum großen Teil aus mikrokristallinem Calcit. Ebenso besteht Marmor aus kristallinem oder mikrokristallinem Calcit.

Dolomit, $CaMg[CO_3]_2$ – trigonal; D. 2.85; H. 3.5 – 4.

Ankerit, $CaFe[CO_3]_2$ – trigonal; D. 3; H. 3.5 – 4.
Beide sind durch Übergangsformen verbunden. Unter den Karbonaten nimmt Dolomit als gesteinsbildendes Mineral eine hervorragende Stellung ein und tritt direkt gebirgsbildend in den einzigartigen Dolomiten in Erscheinung. Kristalle sind vorwiegend rhomboedrisch, oft mit eingeschweiften Flächen sattelförmig. Sie können farblos, durchsichtig, milchweiß oder gelblich sein; vollkommene Spaltbarkeit nach dem Rhomboeder. Zur Unterscheidung: Dolomit (und auch Magnesit) brausen nur in heißer Salzsäure auf, Calcit auch in kalter, stärker verdünnter. Schöne Kristalle finden sich in Freiberg

Aragonit, $CaCO_3$ – rhombisch; D. 2.4; H. 3.5 – 4.
Calcit und *Aragonit* sind Modifikationen des Kalziumkarbonats, einer trigonal, der andere rhombisch. Aragonit, weniger beständig, zeigt unter günstigen Verhältnissen Neigung, sich in Calcit umzuwandeln. Aragonit bildet spießförmige Einzelkristalle, radialkugelige Aggregate, pseudohexagonale Prismen (in Wirklichkeit Durchdringungszwillinge), Sinterkrusten, faserig, stengelig; farblos, grau, blau, grün, rötlich; durchsichtig bis trüb. Schnecken- und Muschelschalen, Korallengerüste usw. bestehen zum Teil aus Aragonit. Bekannt sind die grauen oder rötlichen pseudohexagonalen Drillinge aus Molina de Aragona (Spanien), die dem Mineral den Namen gaben; ebenso die aus den Schwefelgruben Siziliens (Agrigent), die weiß, blau oder braun sind; große Nadeln und strauchartige Ausbildungen, Eisenblüte genannt, im Siderit des Erzberges und Hüttenberg (Österreich); in heißen Quellen bildet sich der Sprudelstein (Karlsbad).

Cerussit, Prismen-Kristalle. Tsumeb (Südwestafrika)

Strontianit, Witherit

Strontianit, $SrCO_3$ – rhombisch; D. 3.7; H. 3.5.
Bildet gewöhnlich prismatische, nadelige oder pyramidenförmige Kristalle, farblos, gelblich oder braun. Strontianitgänge wurden bei Drensteinfurt (Münsterland) und Braunsdorf (Sachsen) sowie Loch Strontian (daher der Name) in Westschottland abgebaut. Als Seltenheit in Vignaza bei Varese (Italien) gefunden.
Witherit, $BaCO_3$ – rhombisch; D. 4.3; H. 3.5.
Ist ziemlich selten; Kristallformen prismatisch oder bypyramidal, farblos, grau, gelblich, mit Glasglanz, Spaltflächen fettig glänzend. Gute Stücke kommen aus Followfield (Northumberland) und Alston Moore (Cumberland), Rosicale (Illinois/USA), vereinzelt in S'Ortu Becciu bei Dònori (Sardinien).

Cerussit = *Weißbleierz,* $PbCO_3$ – rhombisch;
D. 6.5; H. 3.
Bildet sich in Oxidationszonen von Blei-Zink-Lagerstätten; die vorwiegend weißen oder gelblichen, durch Bleiglanz auch schwarzen, diamantartig glänzenden Kristalle sind stäbchenförmig, gestreift, tafelig-plattig; häufig Durchdringungszwillinge; sonst erdige, mikrokristalline Massen oder faserig, stalaktitisch. Schöne Kristalle kommen aus Tsumeb (Südwestafrika); bemerkenswert die häufig verflochtenen Stäbchenaggregate aus den sardischen Gruben von Iglesias (Montevecchio, Annas, S. Giovanni u. a.). Kleine Kristalle wurden auch in einigen Bleilagerstätten der Lombardei und Piemonts gefunden.

Azurit = *Kupferlasur,* $Cu_3[OH|CO_3]_2$ – monoklin;
D.4; H. 3.4 – 4.
Entsteht in Oxidationszonen von Kupfererzlagerstätten, kommt in kleineren, dichten, erdigen Massen oder nierigen Anflügen und Krusten vor. Die stark glänzenden, prächtig lasurblauen oder schwarzblauen Kristalle sind prismatisch, dicktafelig, gestreift. Man findet auch kugelige Aggregate. Durch weitere Umwandlung bildet sich *Malachit,* weshalb man oft Kristalle beobachten kann, in denen Azurit großenteils oder ganz durch Malachit verdrängt wurde (Pseudomorphose von Malachit nach Azurit). Gut ausgebildete Kristalle aus Tsumeb (Südwestafrika), die schönen A-Kristalle von Chessy bei Lyon (Frankreich) werden auch *Chessylith* genannt; weiterhin Bisbee (Arizona/USA) und, wenn auch nicht mit »Tsumeb« vergleichbar, gute Stücke in Calabona (Alghero/Sardinien) in Begleitung von Cuprit und Covellin.

Malachit, $Cu_2[(OH)_2|CO_3]$ – monoklin;
D. 4; H. 3.4 – 4.
Entsteht wie Azurit in Oxidationszonen von Kupferer-

zen (Kupferkies, Cuprit, Bornit usw.) und ist oft von Azurit, Chrysokoll, Brochantit begleitet. Kommt sowohl in dichten, schaligen, traubigen, stalaktitischen Massen (oft von gewaltiger Ausdehnung) als auch in kristallinen, radialfaserigen oder nadelig-verfilzten Aggregaten vor. Bei kristallinen Formen ist der Glanz glasig, bei derben porzellanartig, bei faserigen seidig. Farben schwanken von Hell- zu Dunkelgrün, besonders bei den gebänderten Arten, die viel als Schmuck- und Ornamentstein (Tischplatten, Vasen usw.) verarbeitet werden. Kristalle sind selten, fast schwarz und oft pseudomorpher Azurit. Altberühmt die Malachitvorkommen im Ural (mit tonnenschweren Riesenblökken); weiterhin in Kolwezi (Katanga), Bwana, Mkubwa (Sambia) und oft nur teilweise pseudomorphe Azuritkristalle in Tsumeb (Südwestafrika). Einige Vorkommen auch im Siegerland, der Eifel und dem Schwarzwald, im Salzburgischen und Italien (Insel Elba dicht, kleine Nadelkristalle in Sardinien, und zwar in Arenas, Sa Duchessa, Campo Pisano u.a.).

Rosasit, Auricalcit

Rosasit, $(Zn,Cu)_2[(OH)_2|CO_3]$ – monoklin, findet sich in dichten feinfaserigen Krusten von hellgrüner Farbe in Rosas (Sulcis/Sardinien) und Mapini (Mexiko).
Auricalcit, $(ZnCu)_5[(OH)_3|CO_3]_2$ – rhombisch, bildet zarte Büschelchen von himmelblauen, seidig glänzenden Nadelkriställchen. Vorkommen: Tsumeb (Südwestafrika); Arizona, Utah (USA); Yanga-Koubanza (Zaire). Auch in Italien wurde Auricalcit gefunden, so in Oneta/Val Seriana (Bergamo), Rosas (Sulcis/Sardinien), Campiglia Marittima (Toskana).

Cerussit. Montevecchio (Sardinien)

Hydrozinkit, Dawsonit, Phosgenit

Hydrozinkit = Zinkblüte, $Zn_5[(OH)_3|CO_3]_2$ – monoklin; D. 3.2 – 3.8; H. 2 – 2.5, ein Verwitterungsprodukt auf Galmeilagerstätten, bildet derbe, wellige, kreideartige Krusten; Vorkommen in Kärnten, Spanien, Pennsylvanien (USA), Kanada sowie bei Masua (Iglesias/Sardinien).

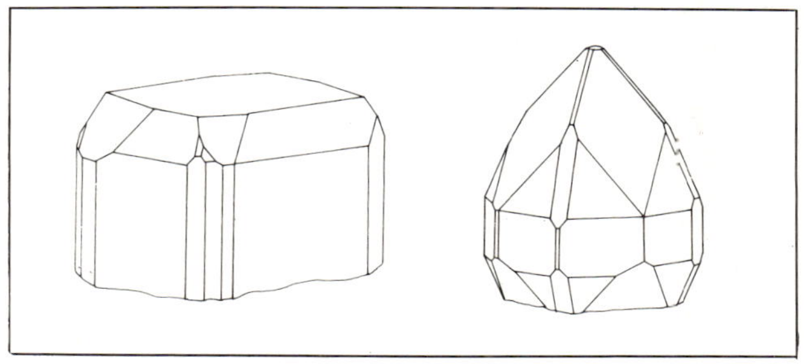

Phosgenit: links die gewöhnliche mit dem Basis-Pinakoid endigende Form; rechts die seltenere pyramidale Form. Monteponi bei Iglesias (Sardinien)

Dawsonit, $NaAl[(OH)_2|CO_3]$-rhombisch, kommt in weißen, faserig-strahligen Rosetten oder ganz flachen, gestreiften kleinen Kristallen vor, z.B. in Kanada, Algerien, Tunesien, Albanien sowie an verschiedenen Fundorten in der Toskana, besonders am Monte Amiata.
Phosgenit, $Pb_2[Cl_2|CO_3]$ – tetragonal; D. 6.13; H. 2 – 3.
Ein seltenes Sekundärmineral in Bleilagerstätten, oft von Anglesit begleitet. Bildet gewöhnlich prismatische Kristalle (oft sehr groß), seltener pyramidal; bernsteingelb oder graugelb, Diamant- oder Fettglanz, durchsichtig oder durchscheinend. Im UV-Licht oft gelbe Fluoreszenz. Bekannte Vorkommen in Matlock (Derbyshire/England), Tarnowitz (Polen), Custer County (Colorado/USA), doch kommen die schönsten Stücke aus der Mine von Monteponi bei Iglesias (Sardinien).

Bastnäsit, Synchisit

Bastnäsit, $Ce[F|CO_3]$ – hexagonal, ist ein Zer-Erz von wechselnder Farbe (Wachsgelb bis Rötlichbraun), mit Fett- oder Glasglanz, opak oder durchscheinend (selten durchsichtig), das in oft großen, plattigen Kristallen vorkommt, die häufig in ausgefächerten Gruppen zusammengewachsen sind. D. 4.9 – 5.3; H. 4 – 4.5. Erstmals 1838 in Bastnäs (Schweden) entdeckt, daher der Name. Sehr verbreitet in Madagaskar und Zaire.
Weibyeit, in Baveno am Lago Maggiore gefunden, ist pseudomorpher Bastnäsit nach Ancilit (einem seltenen Karbonat von Strontium und seltenen Erden).
Synchisit, ein Karbonat von Fluor, Kalzium und Zer, rhombisch oder monoklin, bildet rhomboedrische,

Linke Seite: Traubenförmige Malachit-Knolle. Katanga

Rechts: Nadelkristallbüschel von Auricalcit. Yanga-Koubanza (Zaire)

Links: Prismatische Einzelkristalle von Azurit auf Limonit-Träger. Calabona bei Alghero (Sardinien)

Rosasit-Kruste. Rosas, Sulcis (Sardinien)

tafelige Kristalle von wachsgelber oder graugelber Farbe, mit diamantartigem oder auch mit fettig wirkendem Glanz.
Synchisit findet sich im Pegmatit-Syenit Grönlands wie auch in hydrothermalen Spalten der Graubündner Alpen. Kürzlich auch im Gneis von Beura (Val d'Ossola) und Granit von Predazzo (Trient) entdeckt.

Northupit, Pirssonit, Gaylussit

Die ersten beiden sind seltene Natriumkarbonate; kubischer *Northupit* enthält dazu Chlor und Magnesium; *Pirssonit,* rhombisch, auch Kalzium. Beide finden sich in einigen Arten von Borat-Lagerstätten, wie z.B. in denen von Searles Lake (Kalifornien/USA). Northupit ist farblos, grau oder braun und bildet oktaedrische Kristalle; Pirssonit kommt nur in kleinsten, weißen oder farblosen, glasigen, zumeist prismatischen Kristallen vor.
Gaylussit, ein monoklines Natrium-Kalzium-Karbonat enthält mehr Wasser als Pirssonit und findet sich auch viel häufiger. Die langen, farblosen, sehr zerbrechlichen Kristalle sind durchsichtig, werden aber bei Wasserverlust opak. Gaylussit bildet sich im heißtrockenen Klima in natriumreichen Binnenseebecken, wo man es in Begleitung von Soda, Thermonatrit, Pirssonit, Borax findet, z.B. in der Mongolei, Nevada und Kalifornien.

Zwei zusammengewachsene tafelige Kristalle von Phosgenit. Monteponi bei Iglesias (Sardinien)

Thermonatrit, Soda

Bei beiden handelt es sich um natürlich vorkommendes kohlensaures Natrium; Soda (Natron) hat mehr Kristallwasser als Thermonatrit. Sie bilden Ausblühungen oder unbeständige, körnige Krusten, mattweiß oder durch tonige Verunreinigungen grau. Einzelkristalle sind schwer auszumachen. Typische Minerale in den alkalinen Binnenseebecken der heißen Zonen. Von den zahlreichen Vorkommen sollen hier nur Ägypten, die Mongolei, Kalifornien erwähnt werden. Ausblühungen auch in den Laven des Vesuvs und des Ätna.

Nesquehonit

Ein Magnesium-Hydrokarbonat, das sich gewöhnlich als strahlige (oft verwischte) Verkrustung, traubenförmige Masse oder mikrokristalline Büschel von mattweißer Farbe vorfindet; Einzelkristalle sind durchsichtig.
Zuallererst in den Kohlengruben von Pennsylvanien und Frankreich entdeckt, entsteht aber leichter durch Verwitterung in Serpentin-Gesteinen, wie z.B. in Kraubath (Steiermark) und in mehreren Fundorten in Italien (Val d'Aosta, Val di Lanzo, Val Malenco).

Überzug von dichtem rosa-lila Stichtit. Bou Azzer (Marokko)

Hydrotalkit, Stichtit, Pyroaurit

Hydrotalkit, $Mg_6Al_2[(OH)_{16}|CO_3] \cdot 4\,H_2O$, bildet Aggregate aus biegsamen Blättchen und weißen, seidigen Fasern mit schillerndem Talkglanz. Die chemische Zusammensetzung macht es verständlich, warum sich Hydrotalkit fast ausschließlich in magnesiumreichen Gesteinen (wie Serpentin) findet, so in Snarum (Norwegen) im apfelgrünen Serpentin. Als Rarität in Italien in Basalten der Gegend von Vicenza festgestellt.

Stichtit, $Mg_6Cr_2[(OH)_{16}|CO_3] \cdot 4\,H_2O$.
Ein seltenes Umwandlungsmineral in chromhaltigen Lagerstätten, findet sich in biegsamen Blättchen oder derben Klümpchen von lebhaftem Lila oder Rosa in Tasmanien, Marokko und Transvaal.

Pyroaurit, $Mg_6Fe_2[(OH)_{16}|CO_3] \cdot 4\,H_2O$.
Bildet einzelne, sechseckige, glimmerartige Plättchen oder zusammenhängende, blätterige oder schuppige Anflüge von gelblicher oder bräunlicher Farbe. Vorkommen in hydrothermalen Gängen, wie z. B. in Långban (Schweden) oder als Umwandlungsprodukt von Brucit in Serpentinen (Steiermark, Val Malenco, Ligurien) und in thermometamorphen Dolomitgesteinen (Vicenza).

Rutherfordin, Liebigit, Schröckingerit

Rutherfordin, $[UO_2|CO_3]$.
Ein seltenes radioaktives Uranerz, wurde 1906 in Tan-

Rechts: Faserig-strahliger Ludwigit. Brosso bei Ivrea (Piemont)

Links: Zarte Büschelchen von nadeligem Artinit. Val Malenco (Italien)

Borax, tafelige Kristalle mit leichter Umwandlung zu Tinkalkonit. Searles Lake, Kalifornien (USA)

ganjika entdeckt; kommt in abgeplatteten, gestreiften, langrhombischen Kristallen oder Rosetten oder auch als Mehl von mikroskopischen Fasern vor. Farben wechseln von Gelblichweiß zu Bernsteingelb und Braungelb. Keine Fluoreszenz im UV-Licht. Man findet es auch in Shinkolobwe (Katanga), Maine und New Hampshire (USA).
Liebigit, $Ca_2[UO_2|(CO_3)_3] \cdot 10\ H_2O$.
Ein weiteres sekundäres Uran-Mineral, ebenfalls selten, wurde 1848 im damaligen Joachimsthal (Böhmen) entdeckt, wo man es Uranothallit nannte. Rhombisch, bildet kurzprismatische Kristalle oder dünne, schuppige Krusten, aber auch traubige Klümpchen; Farbe gelblichgrün, im UV-Licht grün leuchtend. Entsteht aus der Verwitterung von Pechblende, dementsprechende Vorkommen in Sachsen, Thüringen, Cornwall, der europäischen Türkei u. a.
Schröckingerit, $NaCa_3[UO_2|F|SO_4|(CO_3)_3] \cdot 10\ H_2O$.
Findet sich als Umwandlungsprodukt in Begleitung von Liebigit und Pechblende in den Lagerstätten von Joachimsthal, wo es auch zuerst festgestellt wurde. Bildet kugelige Aggregate oder kleine sechseckige, abgeplattete Kristalle. Farbe mehr oder weniger lebhaft grünlichgelb; starke grüne Fluoreszenz wie beim Autunit im UV-Licht.

Hydromagnesit, Artinit, Brugnatellit

Zwei Karbonate, die oft gemeinsam in Serpentingesteinen vorkommen, sind *Hydromagnesit,* $Mg_5[(OH)_2|CO_3]_2 \cdot 4\ H_2O$, als kleine, kugelige Aggregate oder weiße, glasglänzende, strahlige Rosetten, und *Artinit,* $Mg_2[(OH)_2|CO_3] \cdot 3\ H_2O$, in zarten, weiß-seidig glänzenden Büschelchen von nadeligen Mikrokristallen; nach dem Mailänder Mineralogen E. Artini benannt. Vorkommen in Kraubath (Steiermark), den USA und in Serpentinen in Italien (Val di Viù, Val d'Aosta, Val Malenco, Ligurien). Beide sind auch als Verwitterungsprodukte von Brucit in thermometamorphem Marmor (Bezirk Vicenza, Südtirol) bekannt.
Manchmal findet man in Begleitung der obigen Karbonate im Val Malenco, Val d'Aosta und Ligurien auch *Brugnatellit,* $Mg_6Fe[(OH)_{13}|CO_3] \cdot 4\ H_2O$, in blätterigen, talkartigen Aggregaten von gelblich-rosa Farbe. Der Name geht auf den Mineralogen L. Brugnatelli zurück.

Ludwigit, Vonsenit, Ascharit

Ludwigit, ein Magnesium-Eisen-Borat, kommt in dunkelgrauen, schwarzblauen, faserigen Häufungen vor und ist ziemlich verbreitet in Ungarn, Schweden, den USA, Korea sowie in Brosso bei Ivrea (Piemont.)
Vonsenit, ein gleichartiges Borat wie Ludwigit, aber mit mehr Gehalt von zweiwertigem Eisen, bildet faserige oder faserig-strahlige Massen oder kleine Nadelkristalle, schwarzgrün oder schwarzbraun. In Italien kommt Vonsenit in Eruptivgesteinen vor, bei Pozzuoli, am Vesuv, Vulcano, in den Ciminischen Bergen

Links: Faseriger Ulexit. Boron, Kalifornien (USA)

Rechts: Colemanit. S. Bernardino County, Kalifornien (USA)

als eine *Breislakit* genannte Modifikation; Ludwigit hingegen bei Corcolle (Tivoli).
Ascharit oder *Szaibelyit,* ein Magnesiumborat mit 1 H_2O, kommt in dichten, weißen, erdigen Massen zusammen mit Ludwigit in den Lagerstätten von Brosso (Piemont) vor.

Nocerin, Fluoborit

Zwei hexagonale Borate von sehr ähnlicher chemischer Zusammensetzung. *Nocerin,* $Mg_3[F_3|BO_3]$, wurde 1881 von A. Sacchi in den Tuffen von Nocera (Umbrien) entdeckt; bildet farblose, weiße, faserige, glasige Aggregate zusammen mit Fluorit, Calcit, Hämatit in den durch thermale Einflüsse völlig umgewandelten Kalksteinblöcken der vulkanischen Tuffe; ein äußerst seltenes, heute fast unauffindbares Mineral.
Fluoborit, $Mg_3[F, (OH)_3|BO_3]$, bildet Häufungen aus sechseckigen prismatischen Kleinkristallen, die in Büscheln oder radialstrahlig angeordnet sind; farblos oder weiß. Vorkommen in Kontaktlagerstätten zusammen mit Ludwigit und Magnetit, z.B. in Norberg (Schweden), mit Willemit, Fluorit und Franklinit in Franklin (New Jersey/USA).

Kurnakowit, Inyoit, Borax (Tinkalkonit)

Kurnakowit, ein basisches Magnesiumhydroborat, kommt in dichten oder körnigen weißen Massen in Boron (Kalifornien) und in Kasachstan (UdSSR) vor.
Inyoit leitet seinen Namen von Inyo-County in Kalifornien ab, wo sich dieses Mineral in Gesellschaft von vielen anderen Boraten findet. Inyoit ist eine basische Verbindung von Hydroborat mit Kalzium; bildet dichte Massen oder prismatisch-tafelige Kristalle, farblos, durchsichtig, bei Wasserverlust weiß.
Borax, wasserhaltiges Natriumborat, kommt in dichten Massen vor, bildet auch gut geformte prismatische Kristalle, farblos, durchsichtig. Größte Vorkommen in Boron (Kalifornien), Tibet und Kaschmir.
Durch Wasserverlust verändert er sich mehr oder weniger vollständig und wird zu erdig-opakem *Tinkalkonit* von gleicher Zusammensetzung ($Na_2B_4O_7$), aber ohne Wasser.

Inderit, Meyerhofferit

Inderit, $Mg[B_3O_3|(OH)_5] \cdot 5\ H_2O$ – monoklin.
Bildet unvollständige Prismen von rechteckigem Querschnitt, stark gerillt, so daß sie wie gebündelt aussehen. Farbe grauweiß oder farblos, durchscheinend. Kommt in Boron (Kalifornien) und am Inder-See (Kasachstan) vor, woher der Name stammt.
Meyerhofferit, $Ca[B_3O_3|(OH)_5] \cdot H_2O$ – triklin.
Bildet abgeplattete, manchmal abgerollte prismatische Kristalle, sonst seidig-faserige Massen, durchscheinend, farblos oder weiß. Vorkommen in Boratlagern von Kalifornien und der Türkei.

Ulexit, Colemanit, Kernit

Ulexit, ein anderes basisches hydriertes Natrium-Kalzium-Borat bildet faserige Massen, meist farblos und

durchsichtig. Eine merkwürdige optische Erscheinung beobachtet man, wenn ein durchsichtiges Stück quer zum Faserverlauf zerschnitten und beidseitig poliert wird; legt man ein solches Stück auf eine Druckschrift oder Zeichnung, so erscheinen diese wie schwimmend auf der oberen Fläche, weshalb sie von den Amerikanern treffend »Fernsehsteine« genannt werden. Vorkommen vor allem in Boron (Kalifornien).
Colemanit, ein wässeriges basisches Kalziumborat, kommt häufig in abgeplatteten Kristallen vor; farblos, weiß, gelblich, manchmal durch Verunreinigungen auch anders gefärbt; Glasglanz. Vorkommen in Begleitung von anderen Boraten in Boron und im »Todestal« (Kalifornien), Bigadiç (Türkei), Kasachstan.
Kernit hat seinen Namen von Kern-County (Kalifornien), wo das Mineral 1926 in den ausgedehnten Lagerstätten von Boron gefunden wurde. Ein basisches wasserhaltiges Natriumborat, das in dichten Massen und durchsichtigen, farblosen Spaltstücken vorkommt, die an der Luft weiß werden.

Hambergit, Rodisit, Boracit

Hambergit, $Be_2[(OH, F)|BO_3]$, ein seltenes rhombisches Borat, typisch in Alkali-Pegmatit-Syeniten, bildet abgeplattete, gestreifte, auch mehrere cm lange Prismen von guter Spaltbarkeit; D. 2.35; H. 7.5. Farblos, grau getönt oder gelblich, Glasglanz und gut durchsichtig. Vorkommen in Norwegen, Indien und Kalifornien.

Rodisit, kubisch, ist ein seltenes Borat von recht komplizierter Zusammensetzung – mit Zäsium, Pottasche, Rubidium, Aluminium und Beryllium-Gehalt. In den Pegmatiten von Madagaskar und des Urals findet man 2 bis 3 cm dicke rhombendodekaedrische Kristalle.
Schließlich sei noch *Boracit* genannt, ein chlorhaltiges Magnesiumborat, $Mg_6[Cl_2|B_{14}O_{26}]$, das gewöhnlich farblose, weiße, gelbliche Kristalle bildet und vor allem in Salzhorsten, mit Gips, Anhydrit, Kalisalzen vorkommt, wie in Staßfurt und Lüneburg bei Hannover, in Choctaw (Louisiana/USA) u. a.

VI. Klasse: Sulfate (und verwandte Verbindungen)

In dieser Klasse sind alle Verbindungen von Metallen mit der Anionen-Gruppe $[SO_4]^{--}$ zusammengefaßt; dazu gehören auch *Tellurate, Chromate, Molybdate* und *Wolframate* mit rund 20 Arten. Sulfate sind im allgemeinen durchscheinend bis durchsichtig, glasig glänzend und von geringer Härte. Die bekannteren bilden oft sehr schöne Kristalle.

Thenardit, Anhydrit

Thenardit, $Na_2[SO_4]$ – rhombisch.
Findet sich als Ausblühung oder in flachen Doppelpyramiden; kreuzförmige Zwillinge häufig, Farbe grauweiß. Vorkommen in Spanien, Kalifornien, Sibirien, Chile; wurde auch in den Laven des Vesuvs gefunden.
Anhydrit, $Ca[SO_4]$ – rhombisch; D. 2.9; H. 3 – 4.
Kommt vorwiegend in oft recht ausgedehnten, dichten, körnigen Massen, seltener in guten würfeligen oder tafeligen Kristallen vor; farblos, weiß, grau, bläulich, rötlich oder violett. Bei Aufnahme von Wasser verwandelt sich Anhydrit in Gips, wobei sich sein Volumen bis mehr als $1^1/_2$fach vergrößert. Kristalle findet man in Bex (Kanton Waad), im Wallis (beim Bau des Simplontunnels, bis 30 cm lang), in den Kaliwerken Niedersachsens u.a. *Volpinit,* ein grauer, dichter Anhydrit, kommt aus Volpino im unteren Val Camonica (Bergamo).

Coelestin, $Sr[SO_4]$ – rhombisch; D. 3.97; H. 3 – 3.5.
Dieses Strontiumsulfat hat seinen Namen seiner oft schönen himmelblauen Farbe zu verdanken und kommt in Klüften von marinen Sedimentgesteinen (Kalk, Dolomit, Mergel), manchmal auch in Hohlräumen von vulkanischen Gesteinen vor. Ziemlich häufig prismatische oder tafelige Kristalle, farblos, milchweiß, blau, seltener rötlich, glasglänzend, manchmal durchsichtig, auf den Spaltflächen mit Perlglanz. Bis zu 10 cm lange durchsichtige Kristalle findet man in den Schwefellagern von Floristella (Sizilien), ebendort, aber seltener, kommen Kristallgruppen von blauem Coelestin vor. Blaßblau die von Matehuala, San Luis Potosì (Mexiko) und Portage (Wood County, Ohio/USA). Ganz ungewöhnlich große hellblaue, tafelige Kristalle bis zu 40 cm wurden vor längerer Zeit in Put-in-Bay am Erie-See (Ohio/USA) gefunden.

Baryt, $Ba[SO_4]$ – rhombisch; D. 4.5; H. 3 – 3.5.
Dies ist *Schwerspat,* der sehr verbreitet ist und in Gän-

Linke Seite: Prismenkristalle von Coelestin mit Schwefel. Schwefelgrube Floristella, Enna (Sizilien)

Baryt. Derbyshire (England)

gen mit sulfiden Erzen oder in schichtigen Sedimentlagern auftritt. Derbspätig bis dicht; häufig wohlausgebildete, auch große Kristalle, tafelig, auch blätterigfächerartig (Barytrose) oder linsenförmig; durchsichtig, durchscheinend bis opak; weiß und in verschiedenen Farben. Spaltbarkeit ähnlich der des Calcits, von dem man ihn wegen der höheren Dichte unterscheiden kann (außerdem braust B. in Salzsäure nicht auf). Wichtig für Farben, Foto- und Kunstdruckpapier, Keramik, Erdölförderung und für Strahlenschutzbauten. Der bisher größte Barytkristall stammt aus Alston Moore (Cumberland), woher immer noch gute Stücke kommen; ebenso aus Deutschland (Freiberg, Marienberg/Sachsen, Rheinland, Harz u. a.), ČSSR (Příbram, Banska Stiavnica), Schweiz (Binnatal); rosa oder rötliche finden sich in Norman (Oklahoma/USA). In Italien sind Barytgänge ziemlich verbreitet: Grau (Barytrosen) am M. Paderno (Bologna), wasserklare im Apennin von Piacenza, tafelige (mit Fluorit und Quarz) in den Minen von Valsugana, Gruppen von weißen tafeligen Kristallen in Brosso und Traversella (Piemont), kleinere in Calafuria bei Livorno (Toskana), bernsteingelbe, bis 20 cm lange Prismen in Nuxis bei Cagliari (Sardinien). Ganz einzigartig ist die Barbara-Grotte im Bergwerk von Iglesias (Sardinien), wo tafelige und linsenförmige braune Barytkristalle die helle Höhlenwand austapezieren.

Barytocalcit hat mit Baryt nichts anderes als den unerwünschten Gleichklang der Vorsilbe gemeinsam, denn es handelt sich nicht um ein Sulfat, sondern um ein monoklines Barium-Kalzium-Karbonat, das in einigen Fundorten in England (Cumberland), Deutschland (Baden, Sachsen) und der Tschechoslowakei vorkommt.

Barytocoelestin ist hingegen ein Gemenge von Baryt und Coelestin, also ein strontiumhaltiger Baryt. In Italien wurde er z. B. in Caramanico (Pescara) und Orciatico (Pisa) festgestellt.

Anglesit, Pb[SO_4] – rhombisch; D. 3.38; H. 2.5 – 3. Zuerst auf der englischen Insel Anglesey gefunden; ein typisches Sekundärmineral in Bleilagerstätten. Bildet prismatische oder tafelige Kristalle, farblos und klar oder weiß, grau, schwärzlich, gelb, manchmal auch grün oder violett, mit diamantartigem oder harzigem Glanz und muscheligem Bruch. Kann im UV-Licht gelb fluoreszieren.

Schöne Kristalle kommen aus Tsumeb (Südwestafrika), Sidi-Amor-ben-Salem (Tunesien), Coeur d'Alène (Idaho/USA), Matlock (Derbyshire/England). Ziemlich häufig sind auch prächtige Stücke in den Bleilagern Sardiniens, aus Monteponi (schwärzliche, weiße, gelbliche Prismen und halb durchsichtige weiße Tafeln), aus Montevecchio (smaragdgrüne, auch durchsichtige Einzelprismen), Nèbida, Malfidano u. a.

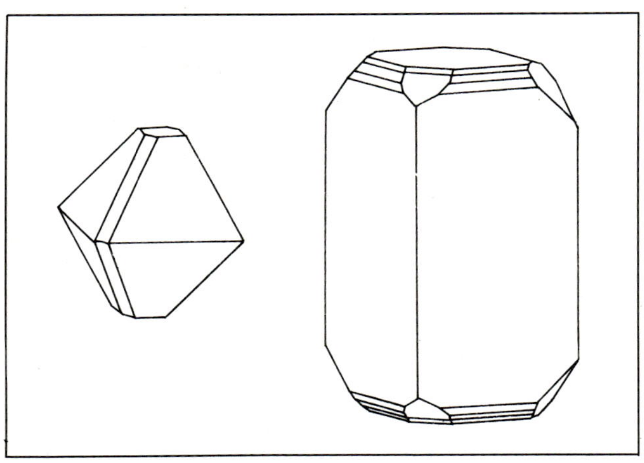

Anglesit: Links eine seltene Form von Doppelpyramide, aus Nevada. Rechts die gewöhnliche prismatische Form, aus Mies (Böhmen)

Jarosit, Beudantit

Jarosit, K $Fe_3[(OH)_6(SO_4)_2]$, ist ein ziemlich verbreitetes, dennoch oft unbeachtetes Mineral, das ockergelbe, pulverige oder erdige Anflüge bildet oder auch braune, glänzende Mikrokristalle. In erdiger Form sieht es dem Limonit sehr ähnlich und wird oft mit diesem verwechselt. In Pyritlagerstätten bildet sich Jarosit durch Verwitterung des Schwefels. Vorkommen u. a. in Sardinien und auf der Insel Elba.

Wird Kalium durch Natrium verdrängt, so ergibt sich *Natrojarosit,* durch Silber *Argentojarosit,* durch Blei *Plumbojarosit.*

Beudantit, ein basisches Arsensulfat mit Blei und Eisen, bildet Krusten aus rhomboedrischen oder pseudokubischen Mikrokristallen; glasig, von schwarzer, brauner oder dunkelgrüner Farbe. Findet sich in Oxidationszonen von Bleilagerstätten, z. B. in Laurium (Griechenland).

Tafelig-prismatischer Anglesit. Monteponi, Iglesias (Sardinien)

Brochantit, Linarit, Leadhillit, Lanarkit

Brochantit, $Cu_4[(OH)_6|SO_4]$ – monoklin, bildet dicht verflochtene Filze von winzigen Nadelkristallen in smaragdgrüner oder dunkelgrüner Farbe und glasigem Glanz, die leicht mit Malachit verwechselt werden können, nur braust er nicht in kalter, verdünnter Salzsäure auf. Brochantit ist ein in Kupferlagerstätten verbreitetes Sekundärmineral, vor allem in Chuquicamata (Chile); kommt auch in Sardinien vor (Rosas/Sulcis, Sa Duchessa bei Iglesias, Funtana Raminosa in der Barbagia).

Auch *Linarit,* $PbCu[(OH)_2|SO_4]$, ist monoklin; tritt meist in Begleitung anderer Blei-, Kupfer- und Zink-Sekundärminerale auf und bildet Überzüge aus langen, verflochtenen Nadelkristallen; wegen seiner lebhaft blauen Farbe *Bleilasur* genannt. Größere Vorkommen in Cumberland (England) und Tsumeb (Südwestafrika). Auch in mehreren Lagerstätten in Sardinien, so z. B. in der Mine von Arenas (Iglesias), wo man es manchmal in Begleitung eines seltenen Blei-Kupfer-Schwefel-Karbonates, *(Caledonit),* in grünblauen Kriställchen antrifft; weiter in S. Giovanni und Malacalzetta (Iglesias) und Rosas (Sulcis).

Leadhillit, $Pb_4[(OH)_2|SO_4|(CO_3)_2]$ – monoklin; ein Sekundärmineral in Bleilagern; bildet tafelige, pseudohexagonale Kristalle, weiß, glas- oder fettglänzend, manchmal Perlmuttglanz, durchscheinend. Erstmals in Leadhills (Schottland) festgestellt; kommt auch in oben genannten sardischen Fundstätten vor (Malacalzetta, S. Giovanni, Tiny-Arenas (Iglesias) sowie S. Giovanni Bonu (Sàrrabus).

Manchmal, z.B. in Leadhills, findet sich Leadhillit in Begleitung von dichten oder langen, kleinen Kristallen (grau oder grünlich-weiß) von *Lanarkit,* $Pb_2[O|SO_4]$.

Alunit = *Alaunstein,* **Hanksit**

Ganz verschieden von den genannten Mineralien ist *Alunit,* $KAl_3[(OH)_6|(SO_4)_2]$, von dem sich in Utah und Colorado (USA) wie auch in Mittelitalien (La Tolfa) ausgedehnte Lagerstätten finden. Er bildet dichte, körnige Massen von weißer, gelblicher oder rötlicher Farbe.

Hanksit, $KNa_{22}[Cl|(CO_3)_2|(SO_4)_9]$, bildet sechseckige, tafelige Kristalle, zumeist farblos oder gelblichgrau. Hauptvorkommen stammen aus den Salzschichten von Searles Lake (Kalifornien/USA).

Hydrosulfate

Eine ganze Anzahl von Verbindungen, von denen etliche als *Vitriole* bekannt sind. *Chalkanthit = Kupfervitriol,* $Cu[SO_4] \cdot 5\ H_2O$, bildet himmelblaue Krusten; *Melanterit = Eisenvitriol,* $Fe[SO_4] \cdot 7\ H_2O$, grüne oder blaugrüne stalaktitische Massen; *Goslarit = Zinkvitriol,* $Zn[SO_4] \cdot 7\ H_2O$, weißliche Ausblühungen oder faserige Stalaktiten. Alle sind Sekundärminerale, die sich auf Kosten anderer unter der Einwirkung unterirdischer Wasserflüsse bilden und gewöhnlich in Erzlagern vorkommen.

Bei der Verdunstung von stark mit Magnesium angereichertem Wasser entsteht *Epsomit,* $Mg[SO_4] \cdot 7\ H_2O$, besser als englisches *Bittersalz* bekannt. Es bildet sehr zarte weiße Büschelchen aus feinsten Nadelkristallen. Gelöst in Heilquellen (Mergentheim usw.), Vorkommen in sibirischen Steppen, Kanada, in Italien im Valle Antrona (Piemont), Insel Elba, Altavilla Irpina/Kampanien u.a.

Kristalline Verkrustungen von Brochantit. Rosas, Sulcis (Sardinien)

Engverflochtene Linarit-Kristalle (Bleilasur). Rosas, Sulcis (Sardinien)

Seltener ist *Morenosit,* ein *Nickelvitriol,* $Ni[SO_4] \cdot 9 H_2O$, das hellgrüne pulverige Anflüge bildet, z. B. im Serpentin im Val Malenco (Lombardei).

Pickeringit, $MgAl_2[SO_4]_4 \cdot 22 H_2O$, ein weiteres Sekundärmineral in Erzlagerstätten, wo es in Aggregaten von feinsten, seidigen gelblichweißen Nadelkristallen oder Krusten auftritt. Vorkommen in Thüringen, im Salzburgischen, in Südamerika und auf der Insel Elba.

Halotrichit, im Aussehen und in der chemischen Zusammensetzung ähnlich dem Pickeringit, jedoch mit zweiwertigem Eisen an Stelle des Magnesiums, kommt in vielen Erzlagern vor, auch in der Solfatara von Pozzuoli.

Coquimbit, $Fe_2[SO_4] \cdot 9 H_2O$, bildet sechseckige prismatische oder pyramidale Kristalle oder amethyst-violette, glasglänzende, körnige Aggregate. Hauptvorkommen in Begleitung anderer Sulfate in Mittelchile; in Italien in Riotorto (Massa Marittima/Toskana) festgestellt.

Alunogen, $Al_2[SO_4]_3 \cdot 18 H_2O$, bildet gewöhnlich weißliche, faserige Massen, Krusten und Ausblühungen seltener prismatischer Kristalle. Entsteht vor allem aus der Umwandlung von Eisensulfiden (Pyrit, Markasit usw.) in kohlehaltigen Schichten oder in Gesteinsspalten und Abraumdecken. Säuerlich zusammenziehender Geschmack. Findet sich in Italien am Vesuv und in der Solfatara von Pozzuoli.

Copiapit, ein basisches Sulfat von zweiwertigem Eisen, Magnesium, dreiwertigem Eisen mit 20 Molekülen Kristallwasser, hat seinen Namen von Copiapò in Chile.

Gips, regellos verflochtene Stäbchenkristalle. Sizilien

Triklin, bildet tafelige Kristalle oder körnige, schuppige Krusten von schwefelgelber, orangegelber oder grünlichgelber Farbe. Kommt in Begleitung vieler anderer Sulfate in Oxidationszonen des Pyrites vor, wo er sehr häufig ist. In Italien auf den Inseln Elba und Giglio und in Riotorto bei Massa Marittima.

Alaune. Allgemeine Bezeichnung für eine wichtige Gruppe von schwefelsauren Doppelsalzen, deren Metallkomponenten einwertig (z.B. Kalium, Natrium) und dreiwertig (Aluminium, Eisen, Chrom) sind; dazu stets 12 Moleküle Kristallwasser. Von allen kann man leicht große, würfelige oder oktaedrische Kristalle künstlich züchten; in der Natur aber kommen sie meist nur als weiße Ausblühungen in vulkanischen Gesteinen, aluminiumhaltigen Tonen und Kohlenschichten vor. Kalialaun findet sich am Vesuv, Vulcano und Kap Miseno, Ammoniumalaun am Ätna.

Astrachanit, auch *Bloedit* genannt, ein Natrium-Magnesium-Hydrosulfat, bildet kurze Kristalle oder derbe, körnige Massen, farblos oder bei Verunreinigungen bläulichgrau oder rötlich, von bitterem Geschmack. Oft einer der Komponenten mit Kainit, Carnallit, Polyhalit, Anhydrit der Salzdome in Steinsalzlagern, wie z.B. in Staßfurt (BRD), Hallstatt (Österreich) Kalusz (Polen), im Mündungsgebiet der Wolga, in Chile und den USA; in Italien bei Caltanisetta (Sizilien).

Polyhalit, $K_2Ca_2Mg[SO_4]_4 \cdot 2\,H_2O$ – triklin, bildet meist derbe oder faserige Massen, durch Verunreinigungen ziegelrot, orange, gelb, grau verfärbt, sonst farblos. Ein Salz, das oft als Begleiter des Steinsalzes,

Anhydrites usw. auftritt und sich in fast allen aus der Verdunstung in Meerwasserbecken entstandenen Salzablagerungen findet (Deutschland, Polen, Österreich usw.). In Italien auch auf dem Vesuv festgestellt.
Kainit, $K\,Mg[Cl|SO_4] \cdot 2^3/_4\,H_2O$ – monoklin. Auch dieser ist typisch für Salzlager, wo er mit Steinsalz, Carnallit, Sylvin vergesellschaftet ist; Kristalle selten, meist in dichten Massen als schwer zu unterscheidende Zwischenschicht in Lagen anderer Salze. Die bekanntesten Vorkommen sind in Deutschland, Polen und an der unteren Wolga.
Voltait, ein Kali-Eisen-Hydrosulfat, findet sich als oliv- oder schwarzgrüne, erdig-bröckelige Verkrustung. Er bildet sich in vulkanischen Gebieten (Pozzuoli, Vesuv, Vulcano) oder aus der Verwitterung anderer Sulfate (Harz, Zypern, Kalifornien, Chile).

Gips, $Ca[SO_4] \cdot 2\,H_2O$ – monoklin; D. 2.31; H. 2.
Ein weitverbreitetes Mineral, leicht zu erkennen, wider Erwarten von geringem Gewicht und mit dem Fingernagel ritzbar. Läßt sich in dünne, durchsichtige Plättchen spalten. In der Flamme wird er durch Wasserverlust opak und weiß. Kristalle sind im allgemeinen tafelig oder prismatisch, Zwillinge als Lanzenspitzen, Schwalbenschwänze. Kommt auch in faserigen, körnigen, dichten Massen vor. Meist farblos und durchsichtig, durch Verunreinigungen auch grau, gelblich, rot; Glasglanz, auf den Spaltflächen auch Perlglanz. Aus sulfathaltigen Lösungen in Wüstenböden bilden sich rosettenartig angeordnete blätterige Häufungen, die Wüstenrosen, die fast immer mit grauem, gelbbraunem oder rötlichem Sand verkrustet sind. Schöne Einzelkristalle nannte man früher *Selenit = Mondstein;* seidig glänzende Ausbildungen *Sericolit = Fasergips. Alabaster,* der seit frühesten Zeiten für Kunst- und Gebrauchsgegenstände verarbeitet wird, ist dichter, farbig gebänderter Gips.
Ausgedehnte Gipslager gibt es in aller Welt. Prächtige Kristalle, wahrscheinlich die schönsten, kommen aus den Schwefelgruben Siziliens, den Pyritlagern der Toskana, den Gipslagern um Bologna; Volterra ist berühmt für seinen Alabaster. Zahlreiche Vorkommen in Deutschland (Thüringen, Harz, Baden/Württemberg), Österreich; die klassische Fundstätte für Zwillinge am Montmartre ist nahezu erschöpft. Interessant die weißen, natürlich gebogenen Nadelkristallaggregate aus Chihuahua (Mexiko).

Krokoit (Rotbleierz), Gruppe von prismatischen Kristallen. Dundas (Tasmanien)

Uranopylit, Zippeit, Johannit

Bislang sind nur diese drei Uransulfate bekannt. Sie enthalten Wassermoleküle und Hydroxide. Johannit enthält als einziges außer Uran auch andere Kationen, nämlich Kupfer.
Uranopylit bildet Krusten oder kugelige Aggregate aus winzigen, seidigen Nadelkristallen, leuchtend gelb oder zitronengelb, mit kräftiger grüner Fluoreszenz im UV-Licht. Vorkommen in Böhmen, Frankreich, Cornwall, Katanga.
Zippeit = Uranblüte findet sich in Krusten aus Nadelkristallen oder erdigen Anflügen. Farbe Orangegelb, im UV-Licht grünlich leuchtend. Vorkommen in Deutschland, ČSSR, Cornwall, Colorado (USA).
Johannit = Uranvitriol, bildet sowohl Prismenkristalle als auch Anflüge und faserige Aggregate von smaragd- oder apfelgrüner Farbe. Keine Fluoreszenz. Vorkommen in Böhmen, Cornwall, Frankreich, Colorado.

Chromate, Molybdate, Wolframate

Krokoit = *Rotbleierz,* $Pb[CrO_4]$ – monoklin; D. 6; H. 2.5 – 3.
Findet sich in längsgestreiften prismatischen Kristallen von rosa bis orangeroter Farbe und diamantartigem Glanz. Die für besonders schöne Stücke bekannten Fundstellen sind in Dundas (Tasmanien); auch Swerdlowsk (Ural) und Congonhas do Campo im Staat Minas Gerais (Brasilien).

Vauquelinit, Fornacit

Typische Minerale in Oxidationszonen von Bleierzlagern, mit Chrom und Arsengehalt. *Vauquelinit,* ein basisches Phosphor-Blei-Kupfer-Chromat, bildet monokline, keilförmige Mikrokristalle oder faserig mammellare Aggregate; Farbe wechselnd von Oliv-

Scheelit, Pyramiden-Kristall. Traversella bei Ivrea (Italien)

grün, Apfelgrün zu Braun und fast Schwarz. Vorkommen im Ural, in Schottland, Brasilien, in den USA und Tasmanien.
Fornacit, ein seltenes Arsen-Blei-Kupfer-Chromat, findet sich in Form von glasigen, olivgrünen mikrokristallinen Krusten. In Lagerstätten von Kongo-Brazzaville zumeist mit Dioptas vergesellschaftet.

Powellit, Ferrimolybdit

Zwei Minerale, die durch Verwitterung von Molybdänglanz entstehen. *Powellit,* $Ca[MoO_4]$, bildet zwar auch kleine tetragonale Kristalle, findet sich jedoch vorwiegend als erdiger Belag oder Anflug von strohgelber, grünlicher oder grünlichgelber Farbe. Im UV-Licht creme- oder goldgelbe Fluoreszenz. Zahlreiche Vorkommen, vor allem im Ural, in Marokko, den USA.
Ferrimolybdit, $Fe_2[Mo\,O_4]_3 \cdot 7\,H_2O$, findet sich in faserigen Krusten oder kanariengelben bis grünlichgelben Büscheln von Nadelkristallen; kommt praktisch fast in allen Lagerstätten von Molybdänglanz vor; in Italien z.B. in Sardinien und Kalabrien.

Scheelit = *Tungstein,* $Ca[WO_4]$ – tetragonal; D. 6.1; H. 4.5 – 5.
Nächst Wolframit das wichtigste Wolframerz. Im englischen und skandinavischen Sprachbereich wird Wolfram = Tungsten genannt, daher im Deutschen Tungstein. Er bildet derbe Massen oder tafelige Doppelpyramiden; honig- oder braungelb, grünlich, rötlichgrau; durchsichtig, durchscheinend oder opak; Glasglanz. Intensives, bläulichweißes Aufleuchten im UV-Licht. Schöne Kristalle kommen aus Korea, Malaysia, Spanien. Recht gut ausgebildete in Talkgesteinen von Traversella (Piemont), Bedovina bei Predazzo (Trient), dort mit schwarzstrahligem Turmalin, im Valsugana (Trient) mit Fluorit; kleinere in Baveno (Lago Maggiore); derb in Sardinien (Gerrei, Sàrrabus).

Stolzit

Ein Wolfram-Blei-Erz, tetragonal, das in Oxidationszonen einiger Bleilager mit Limonit, Vanadinit, Wulfenit usw. entsteht. Die spitzen, bipyramidalen Kristalle sind rot, rötlichbraun bis strohgelb, mit harzigem Glanz. Vorkommen in Deutschland, Österreich, England, USA, auch in Sardinien.

Wulfenit = *Gelbbleierz,* $Pb[MoO_4]$ – tetragonal; D. 6.78; H. 2.7 – 3.
Kristallisiert zumeist in quadratischen Tafeln von wachsgelber, orangegelber oder rötlichbrauner Farbe; Diamant- oder Harzglanz. Seine Entstehung ist auf die Oxidationszonen von Bleilagerstätten begrenzt. Wohlbekannt die Lagerstätten von Bleiberg (Kärnten), M'Fouati (Kongo-Brazzaville), Sierra de los Lamentos in der Provinz Chihuahua (Mexiko), Red Cloud Mine (Arizona/USA), Tsumeb (Südwestafrika). In Italien Gorno-Oneta/Val Seriana (Bergamo), Raibl (Udine) sowie in Sardinien bei Gennamari und Arenas (Iglesias) und S. Giovanni Bonu (Sàrrabus).

Tafeliger Einzelkristall von Wulfenit (Gelbbleierz). Red Cloud Mine, Arizona (USA)

VII. Klasse: Phosphate, Arsenate, Vanadate

In dieser Klasse sind Verbindungen von Metallen mit dem Anion des Phosphor (PO_4), des Arsen (AsO_4) und Vanadium (VO_4) zusammengefaßt. Zusätzlich können noch Moleküle von Kristallwasser und [OH] in der Formel auftreten.
Es handelt sich zumeist um Sekundärminerale, d.h. um solche, die aus der Umwandlung anderer hervorgegangen sind. Viele von ihnen sind sehr schön und farbenprächtig, einige für die Gewinnung seltener Elemente von großer Wichtigkeit.

Lithiophylit, Xenotim, Monazit

Lithiophylit = Lithiumphosphat, Li(Mn, Fe) [PO_4] – rhombisch, ein seltenes Mineral, wird zur Gewinnung des leichtesten Metalles Lithium verhüttet; im allgemeinen derb oder schlecht geformte Kristalle, gelblichbraun, mit harzigem Glanz. Es findet sich in Pegmatiten in Mangualda (Portugal), Varuträsk (Schweden) und Custer (Dakota/USA).
Zwei andere interessante Erze seltener Erden sind: *Xenotim = Ytterspat,* Y[PO_4] – tetragonal, und *Monazit,* Ce[PO_4] – monoklin, typisch für Pegmatite und Ergußgesteine. Gelbbraune prismatische Kristalle kommen aus Skandinavien und Madagaskar.

Libethenit, Olivenit, Adamin

Libethenit, $Cu_2[OH|PO_4]$, ein Sekundärmineral in einigen Kupfererzlagerstätten; es kann dünne rhomboprismatische Kristalle bilden; dunkel-olivgrün, mit Glasglanz. Vorkommen in Cornwall (England), Lubietovà (ČSSR), Chuquicamata (Chile) u.a.
Sehr ähnlich dem Libethenit und oft mit diesem vergesellschaftet ist *Olivenit,* $Cu_2[OH\ AsO_4]$, das olivgrüne, grünlichbraune prismatische oder nadelige kleine Kristalle bildet, manchmal kugelige, faserstrahlige Aggregate. Mehrere Fundorte in Cornwall, Tsumeb (Südwestafrika), Kap Garonne (Dep. Var/ Frankreich), Tintic (Utah/USA).
Ebenfalls in Begleitung der genannten Mineralien findet sich *Adamin,* $Zn_2[OH|AsO_4]$, das Gruppen von sehr kleinen rhombischen, flächenreichen Kristallen, aber auch strahlige, ziemlich große Flächen bedeckende Zusammenwachsungen bildet. Der Glasglanz kommt durch das zarte Gelb- oder Smaragdgrün gut zur Geltung. Manchmal zitronengelbe Fluoreszenz im UV-Licht. Die bekanntesten Vorkommen sind Laurion (Griechenland), Tsumeb (Südwestafrika) und die Ojuela-Mine bei Mapimi (Durango/Mexiko). In klei-

Rechts: Olivenit. Cornwall (England)

Links: Kleine Libethenit-Kristalle. Rheinbreitbach, Siebengebirge (BRD)

Links: Kristallrasen von Adamin. Ojuela Mine, Mapimi (Mexiko)

Rechts: Cornetit. Empire Nevada Mine, Yerington (USA)

nen Quantitäten wurde Adamin in der Zinkgrube am M. Valerio bei Campiglia Marittima (Toskana) gefunden.

Cornetit, Descloizit, Brasilianit, Crandallith

Das seltene Kupferphosphat *Cornetit,* $Cu_3[(OH)_3|PO_4]$, bildet Aggregate von kleinen, intensiv blauen Kristallen; findet sich hauptsächlich in Nevada (USA) und in Zaire.

Descloizit, Pb (Zn,Cu) $[OH|VO_4]$, das rhombische Vanadinmineral bildet nur sehr kleine braune oder grüne pyramidenartige Kristalle, parallel oder unregelmäßig in Rasen oder Krusten gelagert. Hauptfundorte Tsumeb und Grootfontain (Südwestafrika) und Broken Hill (Zambia). Auch in Bena de Padru bei Ozieri (Sardinien) wurde dieses Mineral festgestellt.

Brasilianit, $NaAl_3[(OH)_2|PO_4]_2$ – monoklin, wurde erst 1945 in Conselheiro Pena (Minas Gerais/Brasilien) in schönen prismatischen, durchsichtigen oder durchscheinenden Kristallen von grünlichgelber Farbe entdeckt. Es war ein ganz außerordentlicher Fall, daß man ein neues Mineral sofort in größeren Mengen von schön ausgebildeten Kristallen fand; im allgemeinen kommen neue Minerale nur in geringen Mengen und unansehnlichen Stücken vor.

Crandallith, ein Kalzium-Aluminium-Phosphat, ist selten; faserig-strahlige, weißlich-opake Proben kommen aus Bayern, Belgien und Utah (USA).

Kristallverwachsung von Descloizit. Tsumeb (Südwestafrika)

Halbdurchsichtiger Brasilianit. Brasilien

Apatit, $Ca_5[F|(PO_4)_3]$ – hexagonal, D. 3.1; H. 5.
Ein ziemlich häufiges Mineral, das sich als Nebengemengteil in Pegmatiten, metamorphem Gneis, auch Erzgängen findet. Kristalle sind zumeist sehr schön ausgebildete, sechsseitige Tafeln oder langprismatisch und flächenreich; klar bis undurchsichtig, Glasglanz, Farben unterschiedlich graugrün bis meergrün, braungelb, rosa, violett. Überaus reich an grünlichen Kristallen sind die Magnetitlager von Cerro de Marcado, Durango (Mexiko); ein klassischer Fundort ist Greifenstein (Erzgebirge, violett); Bayern (Pegmatit-Drusen), in Klüften der österreichischen und Schweizer Alpen; wasserklare in Italien im Val d'Ossola und Südtirol, wo Apatit im Ahrntal auch opak-weiß vorkommt, grünlich-grau im Pegmatit von Olgiasca (Comer See). Große Blöcke in Ontario (Kanada).

Pyromorphit, Mimetesit, Vanadinit

Pyromorphit = Grünbleierz, $Pb_5[Cl|(PO_4)_3]$ – hexagonal; D. 6.7 – 7; H. 3.5 – 4.
Bildet sechseckige Kristalle von lebhaft grüner, gelber, brauner, grauer Farbe, mit Glas- oder Fettglanz; wie die beiden folgenden ist auch dieser ein Sekundärmineral in Bleilagerstätten. Hübsche kleine Kristalle, die Emser Tönnchen, kamen aus Deutschland; andere Vorkommen in Broken Hill (Australien). Fundorte in

Weißer tafeliger Apatit auf Chlorit. Ahrntal (Bozen)

Italien vor allem Sardinien (Ingurtosu, Gennamari, S'Acqua Bona), im Valsugana (Trient), am M. Falò und Mottarone (Lago Maggiore).

Mimetesit, $Pb_5[Cl|(AsO_4)_3]$, sieht dem Pyromorphit oft sehr ähnlich, doch neigen seine Farben mehr nach Gelb und Braun. Bei der Varietät *Campilith* haben die prismatischen Kristalle gewölbte Flächen (Tönnchen). Schöne braungelbe Kristalle auf Quarz kommen aus Dry Gill (Cumberland/England); ziemlich große aus verschiedenen Fundstätten Deutschlands; in Italien im Valsugana (Trient), Val Trompia (Lombardei) und Sardinien (Malfidano/Iglesias, Bena de Padru bei Ozieri).

Vanadinit, $Pb_5[Cl|(VO_4)_3]$, kommt in Häufungen von kleinen sechseckigen, manchmal auch tafeligen Kristallen vor; orange- bis rubinrot, rötlichbraun. Berühmt sind die aus der Apache-Mine und Old Yuma Mine in Arizona (USA) kommenden Proben; andere aus New Mexico (USA). Prächtige Kristalle finden sich auch in Mibladen (Marokko). In geringen Mengen in Sardinien (Bena de Padru bei Ozieri, Acqua Resi/Iglesias).

Variscit, Hopeit, Vivianit

Variscit, $Al[PO_4] \cdot 2\,H_2O$, findet sich gewöhnlich in Klümpchen, Adern oder unregelmäßigen Massen. Die Farbe variiert von Apfel- bis Lauchgrün; porzellanartiger Glanz. Die besten, auch für ornamentale Zwecke verwendeten Stücke kommen aus Utah (USA).

Hopeit, $Zn_3[PO_4]_2 \cdot 4\,H_2O$, ein seltenes Sekundärmineral in Zinklagerstätten, bildet rötlichbraune Krusten

Tafelige violette Apatit-Kristalle. Ehrenfriedersdorf (Sachsen)

Links: Pyromorphit, kleine prismatische Kristalle. Monte Falò, Mattarone (Lago Maggiore)

Rechts: Mimetesit. Johanngeorgenstadt (Sachsen)

Durchscheinender Vivianit. Llallagua, Uncia (Bolivien). Zeigt oft kräftigen Pleochroismus, d.h. beim Drehen in polarisiertem Licht ändern sich die Farben. Entsteht durch Reaktion von Eisensalzen mit organischen Phosphaten

Unten links: Vanadinit. Old Yuma Mine, Arizona (USA)

Unten rechts: Polierte Fläche eines Variscit-Kernes. Fairfield, Utah (USA)

Links: Blätterige Kristalle von Erythrin. Bou Azzer (Marokko)

Rechts: Cabrerit, Varietät von Annabergit. Laurion (Griechenland)

aus tafeligen Kristallen. Hauptfundort Broken Hill (Sambia).

Vivianit = Blaueisenerz, $Fe_3[PO_4] \cdot 8\ H_2O$ – monoklin; D. 2.6; H. 2.5.

Ebenfalls ein Sekundärmineral in Erzlagern, wo es in krümeligen, nierigen oder erdigen Massen auftritt. Kristalle strahlig-faserig, langsäulig, gut spaltbar, durchsichtig oder durchscheinend, mit Glas- oder Perlglanz. Von Natur aus weiß, wird an der Luft dunkel- oder grünlichblau. Schöne Kristalle findet man im Bayerischen Wald, in Trepča (Jugoslawien), und Llallagua (Bolivien). Die größten, manchmal mehr als meterlangen, wurden jedoch in vor wenigen Jahren entdeckten Tonlagerstätten bei Anloua in Kamerun gefunden.

Destinezit, Wavellit, Türkis

Destinezit, ein basisches Eisen-Hydrophosphat, kommt in gelblichweißen erdigen Klumpen in einigen Fundstätten von Thüringen, im Departement Finistère (Frankreich) und in Böhmen vor.

Wavellit, $Al_3[(OH)_3|(PO_4)_2] \cdot 5\ H_2O$, bildet stalaktitische Massen oder elegante, kugelige, rosettenartige Aggregate aus strahligen Nadelkristallen. Glasglanz, grünlichweiß oder gelblich. Hauptfundorte Böhmen, Rumänien, Cornwall (England), Bolivien. Als Seltenheit auch in einigen Alaunlagerstätten von Mittelitalien gefunden.

Kleinkristalle von Euchroit. Lubietovà (ČSSR)

Rechte Seite: Wavellit. Faserig-strahlige Rosetten. Barnstable, Devonshire (England)

Autunit in fächerartig zusammengewachsenen Blättchen. Peveragno (Cuneo/Italien). Wie bei allen Uranglimmern gibt es beim Autunit eine Übergangsphase, Meta genannt, die bei Wasserverlust entsteht, die aber reversibel ist. Fast alle Stücke in Sammlungen sind Meta (Meta-Autunit, Meta-Torbernit usw.)

Tetragonale Kristalle von Torbernit. Cornwall (England)

Links: Türkis. Mongolei

Rechts: Grüne Blättchen von Uranocircit. Bergen im Vogtland (Sachsen)

Türkis, $CuAl_6[(OH)_2|PO_4]_4 \cdot 4\,H_2O$ – triklin, D. 2.7; H 5 – 6.
Ein seiner schönen blauen Farbe wegen seit frühesten Zeiten als Schmuckstein sehr geschätztes Mineral. Kristalle sind äußerst selten. Als Zersetzungsprodukt findet sich Türkis in kleinen, derben Massen in Adern aluminiumreicher Gesteine oder als Füllung von Spalten und Höhlungen von Trümmergesteinen vulkanischer Herkunft, wie z. B. in den Trachyten von Nishapur im Khorassan (Iran), woher seit 3000 Jahren der schönste Türkis kommt. Andere Fundstätten in Sibirien, Turkestan, New Mexico und Arizona (USA).

Erythrin, Annabergit, Pharmokolith, Euchroit

Erythrin = Kobaltblüte, $Co_3[AsO_4]_2 \cdot 8\,H_2O$, verdankt seinen Namen der dunkelroten Farbe seiner tafeligen oder blätterigen Kristalle wie auch der seidigfaserigen oder erdigen Aggregate, die sich aus der Zersetzung anderer Kobalterze bilden. Schöne Proben kommen aus Schneeberg (Sachsen) und Bou Azzer (Marokko). Einige Fundstätten in Italien im Bezirk Iglesias (Sardinien), Valsugana (Trient) und am Capo Calamita (Insel Elba).
Annabergit = Nickelblüte, $Ni_3[AsO_4]_2 \cdot 8\,H_2O$, D. 3; H. 2.5, und die Magnesium statt Nickel enthaltende Varietät *Cabrerit* bilden sehr selten deutlich erkennbare Kristalle, meist flockige, apfelgrüne Überzüge auf Nickelerzen, deren Verwitterungsprodukt sie sind. Vorkommen in Sachsen, Ontario (Kanada), Laurion (Griechenland), Spanien, im Valsassina (Como) und Sardinien (Bezirk Arbus).
Pharmakolith, $CaH[AsO_4] \cdot 2\,H_2O$, findet sich in weißseidigen, glänzenden, faserig-nadeligen Flocken vor allem in Kobalterzlagerstätten Deutschlands.
Erwähnung verdient noch das Kupferarsenat *Euchroit,* $Cu_2[OH|AsO_4] \cdot 3\,H_2O$, dessen smaragdgrüne Kristalle als Edelsteine sehr geschätzt sind. Kommt in Begleitung anderer Sekundärminerale in Oxidationszonen von Kupferlagerstätten vor.

Tirolit, Lirokonit, Pharmakosiderit

Tirolit = Kupferschaum, $Cu_5[(OH)_9|AsO_4] \cdot 7\,H_2O$ – rhombisch, sehr weich, entsteht in Oxidationszonen von Kupfererzlagern zusammen mit Erythrin, Malachit, Azurit, Chrysokoll u. a. und bildet meist schuppige Überzüge oder blätterige Aggregate von apfel- bis bläulichgrüner Farbe mit Perlglanz auf Bruchflächen. Vorkommen in Österreich, Deutschland, ČSSR, Frankreich u. a. sowie bei Campiglia Marittima (Toskana).
Lirokonit = Linsenerz, $Cu_9Al_4[(OH)_3|AsO_4]_5 \cdot 2\,H_2O$, D. 2.9; H. 2 – 2.5, ebenfalls typisch in Oxidationszonen von Kupferlagerstätten, bildet himmelblaue, undeutlich oktaedrische Kristalle. Bekannte Vorkommen in Cornwall (England), Deutschland und im Ural.
Pharmakosiderit, $Fe_3[(AsO_4)_3|(OH)_3] \cdot 7\,H_2O$ – kubisch, kristallisiert meist in würfeligen Formen; Farben olivgrün, gelblichbraun, manchmal auch hyazinthrot,

violett, smaragdgrün, mit Diamant- oder Fettglanz. Verwitterungsprodukt anderer Arsenerze. Schöne Kristalle in mehreren Fundstätten in Deutschland, vor allem Schwarzenberg (Sachsen), Cornwall, ČSSR, Frankreich, USA. In Italien auf Sardinien (S. Giovanneddu, Rio Pranu is Castangias), Insel Elba, Calafuria, Riotorto.

Uranphosphate

Zu den Phosphaten gehören auch verschiedene aus der Zersetzung von Uranerzen entstandene Minerale, meist von gelber oder grüner Farbe in unterschiedlichen Tönen, die oft von Pechblende begleitet sind. Einige davon, wegen ihres Aussehens auch als Uranglimmer bezeichnet, sollen hier erwähnt werden.

Torbernit, $Cu[UO_2|PO_4]_2 \cdot 10\ (12\text{-}8)\ H_2O$ – tetragonal; D. 3.22; H. 2.2.

Wird auch *Chalkolith* genannt und bildet glasglänzende, leuchtend grüne, kristalline Tafeln oder Schuppen. Keine Fluoreszenz im UV-Licht. Vorkommen in Redruth (Cornwall/England), Shinkolobwe (Katanga), Südaustralien, Frankreich; in Italien am Bric Colmé im Val di Preit und Peveragno (Cuneo) und S. Leone bei Cagliari (Sardinien).

Auch *Autunit,* $Ca[UO_2|PO_4]_2 \cdot 10\ (12–10)\ H_2O$; D. 3.1; H. 2–2.5, gehört ebenfalls zum tetragonalen System. Dieses wohlbekannte Uranerz bildet kleine, blättrige, abgeplattete Kristalle oder ausgefächerte Aggregate; Farben wechselnd von Zitronengelb zu Blaßgrün. Von Torbernit durch die stets auftretende grüne Fluoreszenz im UV-Licht leicht zu unterscheiden. Gute Kristalle kommen aus der Daybreak Mine, Mt. Spokane im Staat Washington (USA); prächtig gelbe findet man in Margnac, Dep. Haute Vienne (Frankreich). Vergleichbare Stücke in Italien bei Peveragno (Cuneo), wo übrigens auch gelber und blaßgrüner Autunit häufig ist; gelbe Kleinkristalle bei Camigliatello Silano (Cosenza); seltene Anflüge in Pegmatiten von Olgiasca (Comer See).

Uranocircit, $Ba[UO_2|PO_4]_2 \cdot 10\ H_2O$, ist, was die gelblichgrünen quadratischen Kriställchen anbelangt, dem Autunit sehr ähnlich, jedoch viel seltener. Er kommt in Sachsen und Bayern vor.

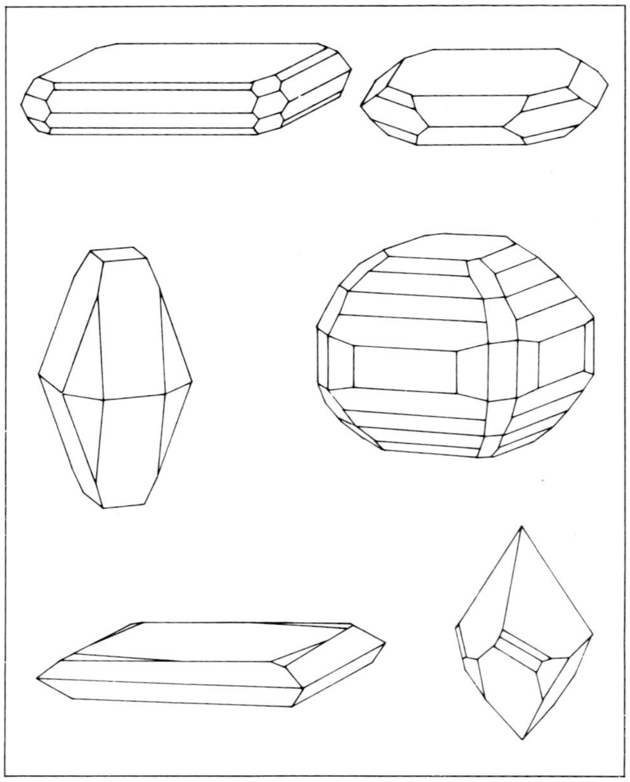

Torbernit. Oben: Gewöhnliche plattige Formen wie bei anderen Uranglimmern.
Mitte: Selten Formen wie Doppelpyramide und Tonne.
Unten: Wulfenit, gewöhnliche plattige und seltene Doppelpyramiden-Form

Zeunerit, $Cu[UO_2|AsO_4] \cdot 10\ (16\text{-}10)\ H_2O$, ähnelt in Farbe und Form ganz dem Torbernit, ist aber sehr viel seltener. Vorkommen wurden in den USA, Frankreich, Katanga sowie im Val Rendena (Südtirol) festgestellt.

Phosphuranylit, $Ca[(UO_2)_4|(OH)_4\ (PO_4)_2] \cdot 8\ H_2O$, bildet im allgemeinen goldgelbe Überzüge und Krusten in uranithaltigen Pegmatiten. Vorkommen in verschiedenen Fundstätten der USA, in Portugal und Frankreich.

VIII. Klasse: Silikate

In dieser Klasse sind fast ein Drittel der bekannten Minerale zusamengefaßt; viele davon sind als Edelsteine hochgeschätzt. Außer dem Quarz gehören ferner etliche Silikate zu den wichtigsten Gesteinsbildnern, wobei zu bemerken ist, daß auch der Quarz (SiO_2) Silizium enthält, üblicherweise aber zu den Oxiden gerechnet wird.

Allen Silikaten gemeinsam ist die Gruppe $[SiO_4]^{4-}$, aus einem Silizium-Kern gebildet, der von 4 Sauerstoffionen umgeben ist, die an den Ecken eines Tetraeders sitzen. Im Gesamtgefüge können diese Si-Tetraeder für sich allein stehen = *Inselsilikate,* in Zweiergruppen = *Gruppensilikate,* ringförmig verbunden = *Ringsilikate,* zu endlosen Ketten und Bändern zusammengeschlossen sein = *Ketten- und Bandsilikate,* nach 2 Richtungen angeordnet = *Schichtsilikate* oder als Raumgitter = *Gerüstsilikate.*

Eine andere Eigenart dieser Klasse ist die große Zahl von *isomorphen* Familien (die in anderen Klassen nicht so stark in Erscheinung treten), d.h. die chemische Zusammensetzung eines Minerals kann sich nach und nach – beispielsweise durch allmähliche Verdrängung eines Ions durch ein anderes (eines einwertigen durch ein zweiwertiges Element) – so verändern, daß die Endglieder der Mischungsreihe deutlich verschieden sind, die Zwischenglieder aber erst durch genaue Untersuchungen bestimmt werden können. Als Beispiel einer solchen lückenlosen Mischungsreihe sei auf den anschließend folgenden Olivin verwiesen, der vom magnesiumhaltigen Forsterit bis zum eisenhaltigen Fayalit alle Zwischenstufen durchläuft.

Inselsilikate

Olivin, $(Mg,Fe)_2[SiO_4]$ – rhombisch; D. 3.27 – 3.37; H. 6.5. – 7.

Als durchlaufende Mischungsreihe von *Forsterit,* $Mg_2[SiO_4]$, und *Fayalit,* $Fe_2[SiO_4]$, als Edelstein auch *Chrysolith,* sonst *Peridotit* genannt. Der gewöhnliche Olivin kommt meist als körniger Bestandteil basischer, siliziumarmer Ergußgesteine vor; säulige oder dicktafelige Kristalle sind seltener. Die Farbe wechselt von olivgrün, graugrün zu gelblichbraun. Große durchsichtige Chrysolithe und Peridot kommen von der Insel St. John (Seberget) im Roten Meer; Forsterit-Kristalle aus Bolton (Masseachusetts/USA). Auch in den vulkanischen Gesteinen Latiums und den Laven des Vesuvs findet sich Olivin in Kristallen.

Links: Prismatische kleine Kristalle von Olivin. Monte Somma (Neapel)

Rechts: Almandin-Granat, Rhombendodekaeder. Ötztal (Österreich)

Spessartin-Granat auf Feldspat. San Diego County, Kalifornien (USA)

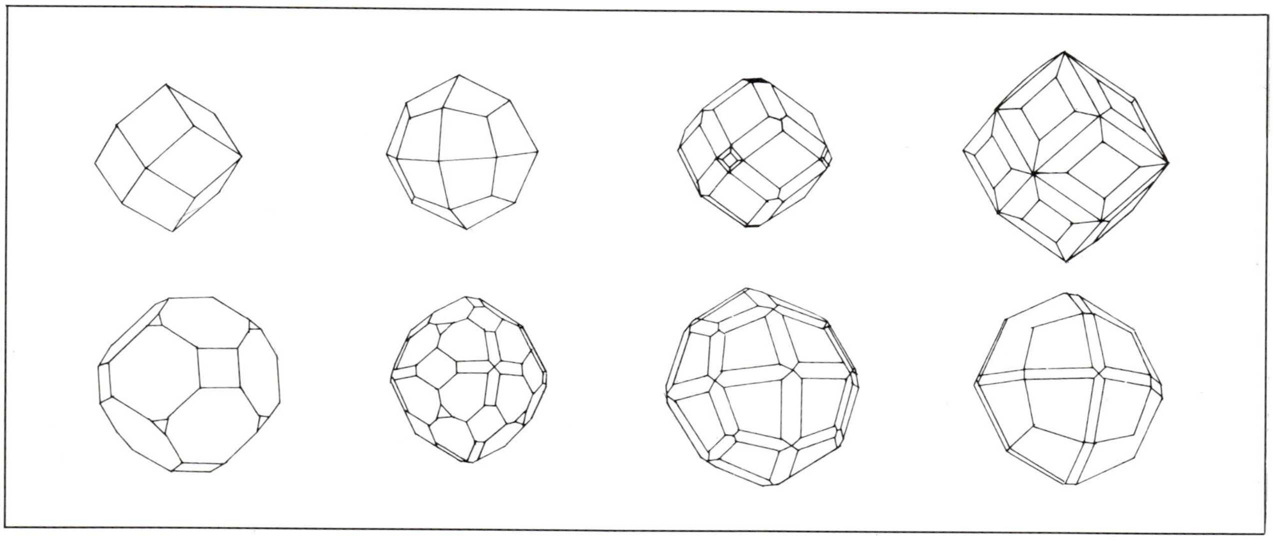

Die häufigsten Kristallformen einiger kubischer Minerale, wie Granat, Leucit, Analcim. Oben links: Rhombendodekaeder, typisch für den Granat; oben Mitte: Ikositetraeder, typisch für Leucit und Analcim; oben rechts und untere Reihe: Verschiedene Formen des Granats.

Hessonit, Varietät des Grossulars, mit Chlorit. Pian della Mussa, Val d'Ala (Piemont)

Uwarowit (Chromgranat). Ural (UdSSR)

Unten: Demantoid, Varietät des Andradit-Granats, mit Asbest. Campo Franscia, Val Malenco (Lombardei)

Zirkon. Slatoust, Ural (UdSSR)

Granat-Reihe

Unter dieser Bezeichnung wird etwa ein Dutzend von Mineralien zusammengefaßt, die bei verschiedener chemischer Zusammensetzung doch äußerlich ähnliche Eigenschaften aufweisen; sie sind in metamorphen und magmatischen Gesteinen verbreitet und gehören zum kubischen Kristallsystem. Kristallformen vorwiegend Dodekaeder oder Ikositetraeder von verschiedenster Größe und Farbe. Die hauptsächlichsten Granat-Arten sind:

Pyrop, $Mg_3Al_2[SiO_4]_3$. Blut- bis schwarzrot, ziemlich selten und als Edelstein hoch geschätzt. Klassischer Fundort Merowitz bei Bilina (ČSSR, Böhmischer Granat), Gorduna bei Bellinzona (Schweiz) und in den Diamantgruben von Kimberley (Südafrika, Kaprubin). D. 3.51.

Almandin, $Fe_3Al_2[SiO_4]_3$ · Gemeiner Granat, weinrot, braunrot, durchsichtig, meist durchscheinend. Unterscheidet sich vom Pyrop durch sein höheres spezifisches Gewicht (4.25). In den Alpen weitverbreitet mit Stücken bis zu Faustgröße; noch größere Rundlinge in Gore Mountain (New York/USA).

Spessartin, $Mn_3Al_2[SiO_4]_3$. Ein Mangantongranat, nicht häufig, gelb oder rotorange; kommt hauptsächlich aus Virginia und San Diego (Kalifornien/USA). In Italien in Manganlagerstätten von St. Marcel (Val d'Aosta), Ceres (Val di Lanzo) und San Piero in Campo (Insel Elba).

Andalusit, Prismenkristalle. Tirol

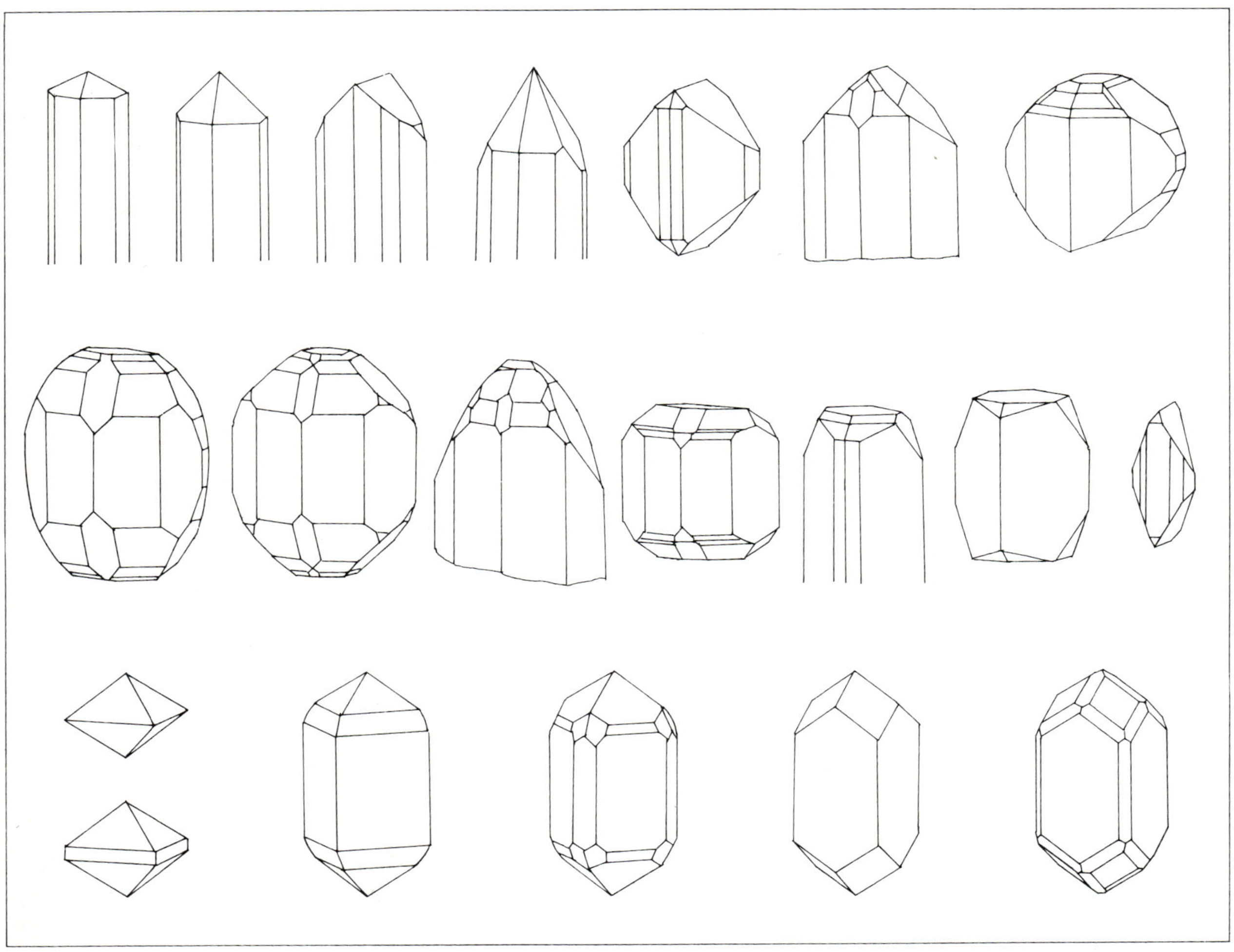

Zwei obere Reihen: Topas: Die Kristallformen – obwohl oft sehr flächenreich – sind stets prismatisch mit guter Spaltbarkeit nach der Basis. Untere Reihe: Zirkon, links zwei Doppelpyramiden, die anderen prismatische Formen.

Topas, prismatischer Kristall. Brasilien

Grossular, $Ca_3Al_2[SiO_4]_3$. Kalktongranat, orangerot, rosa, grünlichgelb bis farblos. Eine etwas Eisen enthaltende Varietät, *Hessonit*, findet sich z.B. im Val d'Ala (Piemont) und im Tessin. Große rosa Kristalle kommen aus Morelos und Chihuahua (Mexiko).

Andradit, $Ca_3Fe_2[SiO_4]_3$. Kalkeisengranat von verschiedener Farbe; die gelbgrüne, durchsichtige Varietät = *Topazolith*; gras- oder smaragdgrün *Demantoid*, titanhaltig schwarz *Melanit*. Gute Andraditkristalle findet man in Sterling Hill (New Jersey/USA), braune in Garnet Hill (Kalifornien); Topazolith im Val d'Ala (Piemont); Demantoid im Val Malenco (Sondrio) und Nischnij-Tagil (Ural); Melanit in Vulkantuffen Mittelitaliens.

Uwarowit, $Ca_3Cr_2[SiO_4]_3$. Ein seltener dunkelgrüner Chromgranat. Vorkommen im Ural und Outokumpu (Finnland).

Zirkon, $Zr[SiO_4]$ – tetragonal; D. 4.6 – 4.7; H. 7.5. Nebengemengteil von Eruptivgesteinen und kristallinen Schiefern und, da beständig, auch in Seifen. Kristalle häufig (Pyramidenprismen), sonst nur körnig; farblos, dunkelbraun, gelbbraun, gelblichgrün; lebhafter Diamantglanz. Die als Edelstein geschätzte braune oder gelbrote Varietät *Hyazinth* ist durchsichtig; blaue Farbe entsteht durch Glühen; ein etwas umgewandelter, weicherer Zirkon heißt *Malakon*. Zirkon findet sich u.a. in Kärnten, Norwegen, im Ural, in Australien und Madagaskar; kiloschwere Kristalle in Sebastopol (Kanada). Auch die Edelsteinseifen Ceylons und Thailands liefern viel Material. Abgerollte Kristalle in Seifenlagern des Bezirks Vicenza, braune in Olgiasca (Comer See), glänzende, farbige Kleinkristalle im Pfitschertal (Bozen).

Sillimanit, Andalusit, Cyanit

Drei in kristallinen Schiefern häufige Nebengemengteile von Aluminiumsilikaten, die aber äußerlich sehr verschieden sind.

Sillimanit = *Faserkiesel*, $Al^{[6]}Al^{[4]}[O|SiO_4] = Al[AlSiO_5]$ – rhombisch; D. R. 2; H. 6.5 – 7. Kommt vorwiegend in seidig-faserigen Aggregaten, sehr selten in gut ausgebildeten Kristallen vor, die meist feinfaserig verfilzt oder krummschalig sind. Ein weitverbreitetes, unansehnliches Mineral. Vorkommen in Deutschland (Bodenmais/Bayern), Österreich, Indien, USA, Schweiz (Castione/Tessin), Italien (Val d'Ossola, Sondalo, Sila/Kalabrien).

Andalusit, $Al^{[6]}Al^{[5]}[O|SiO_4] = Al_2[SiO_4]O$ – rhombisch; D. 3.1; H. 7.5.

Meist kurze Vierkantsäulen von eisengrauer Farbe, aber auch radial gelagerte rosa Stäbchenaggregate. Schöne Kristalle finden sich auf der Lisenz-Alpe (Tirol) und der Silvrettagruppe (Graubünden). Einlagerungen kohliger Substanzen bringen beim Schliff im Querschnitt eine kreuzförmige Zeichnung zutage; diese Varietät, *Chiastolith*, wird in Spanien, wo sie häufig ist, viel als Glückstein getragen.

Disthen (Cyanit), blau, mit braunem Staurolith auf Paragonit-Schiefer. Pizzo Forno, Tessin (Schweiz)

Cyanit oder *Disthen*, $Al^{[6]}Al^{[6]}[O|SiO_4] = Al_2[SiO_4]O$ – triklin; D. 3.6; H. 4.5–7. Bildet verschiedene

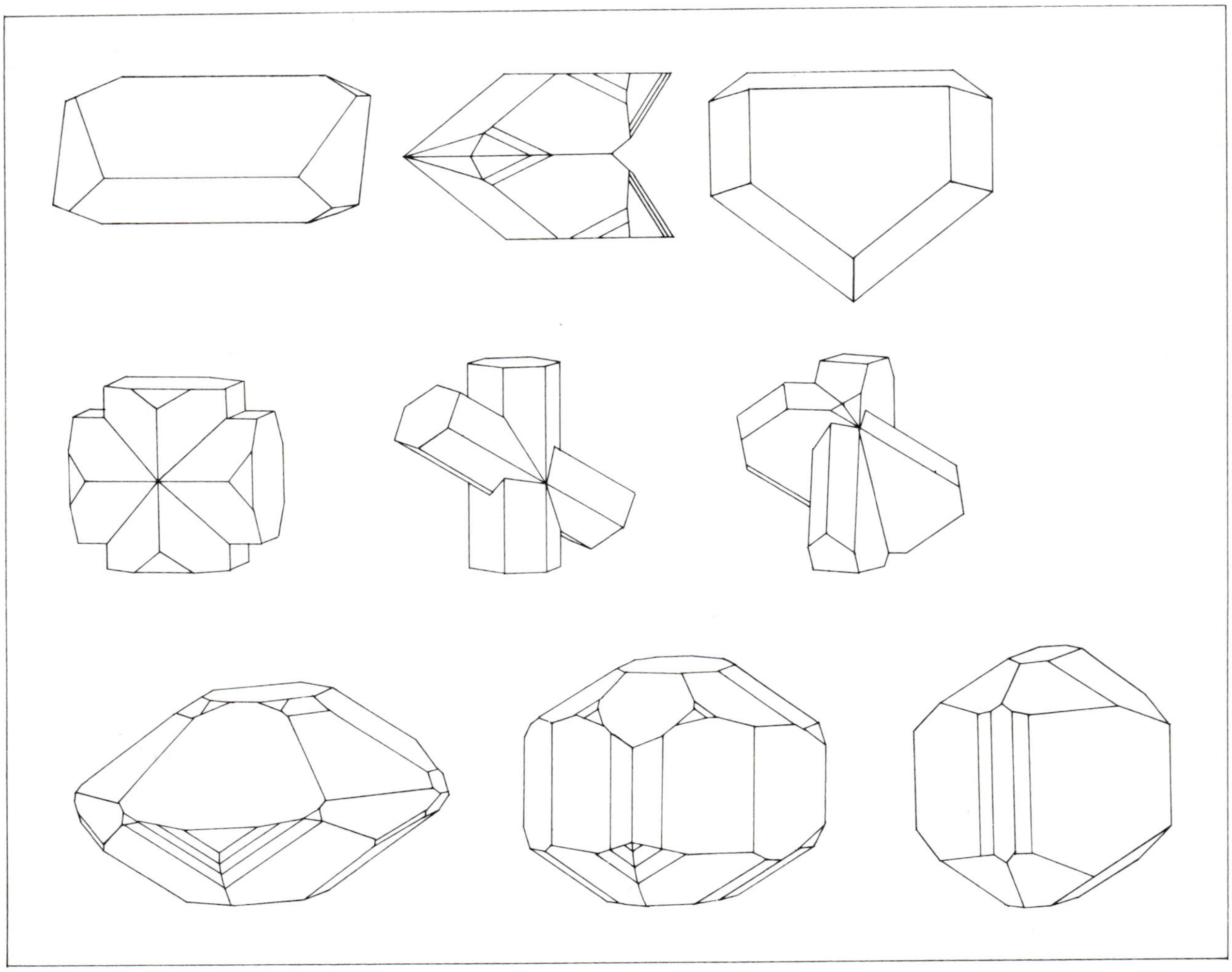

Obere Reihe: Titanit: Gewöhnliche Kristallformen und Zwillinge; die beiden ersten aus der Schweiz, der dritte aus Österreich. Mittlere Reihe: Typische Kreuzzwillinge von Staurolith; die beiden ersten aus der Bretagne (Frankreich), der dritte aus dem Tessin. Untere Reihe: Datolith: Der erste aus dem Harz, der zweite von der Seiser Alm, der dritte aus Baveno

Gelbliche Humit-Kristalle mit braunem Biotit. Monte Somma (Neapel)

Kristallformen, breitstengelig, linealförmig, radialstrahlig, gebündelt; mit Glasglanz, durchscheinend bis durchsichtig, schön himmel- oder dunkelblau. Prächtige, mit braunem Staurolith zusammengewachsene Kristalle findet man auf dem Pizzo Forno (Tessin); länglich-plattige in Capelhina (Minas Gerais/Brasilien). Eine graue oder farblose Varietät, *Rhätizit,* in den Zillertaler und Südtiroler Alpen.

Topas, $Al_2[F_2|SiO_4]$ – rhombisch; D. 3.5; H. 8.
Ein Mineral, das in seinen wein- oder bernsteingelben Varietäten bereits im Altertum als Schmuck- und Edelstein benutzt wurde. Er kommt häufig in kurzprismatischen Klein- bis Riesenkristallen oder flächenreichen Säulen vor. Farben: verschiedene Gelbtöne, rötlich, rosa, meerblau, farblos; meist durchsichtig. Die von Juwelieren begehrtesten Stücke kommen aus Brasilien (rötlichbraun, gelbrot); von dort ebenfalls große, wasserklare (Pingas d'agua = Wassertropfen) und blaue; sehr gute Kristalle finden sich auch in Aduntschilon (Transbaikalien/Sibirien) und Schneckenstein (Sachsen); in Italien als Seltenheit in Cuasso al Monte (Varese) und S. Piero in Campo (Insel Elba).

Titanklinohumit oder Titanolivin, rotbraune Knötchen. Val Malenco (Lombardei)

Das Mineralogische Institut in Florenz besitzt einen 151 kg schweren brasilianischen Topas, das Naturhistorische Museum in Mailand einen solchen von 40 kg; ein farbloser Topas in Brillantschliff im Britischen Museum wiegt 1300 Karat.

Staurolith, $Al_4[FeO_2(OH)_2|(SiO_4)_2]$ – ps. rhombisch; D. 3.7; H. 7–7.5.

Der Name Kreuzstein (stauros = Kreuz) liegt nahe, denn der Staurolith bildet sehr oft schräge oder gerade Durchkreuzungszwillinge aus scheinbar hexagonalen, manchmal abgeplatteten Säulen. Farbe rötlichbraun bis schwärzlichgrau, Glasglanz. Einzelkristalle sind manchmal mit einer rauhen, erdigen Patina überzogen. Sehr interessante Kreuzzwillinge kommen vor allem aus Pilar (New Mexico/USA), wo sie als Glücksstein gelten, ferner aus Morbihan (Frankreich) und der UdSSR. Elegante Verwachsungen von Staurolith mit blauem Disthen in weißem Glimmerschiefer am Pizzo Forno (Tessin).

Humit, Titanklinohumit

Humit, $Mg_7[(OH, F)_2|(SiO_4)_3]$, ein in der chemischen Zusammensetzung dem Chondrodit ähnliches Mineral, kommt nur selten in erkennbaren gelbbraunen Kristallen vor, wie z.B. auf dem Monte Somma (Vesuv) und etwas verwittert in Tilly Forster (New York/USA). *Titanklinohumit,* auch *Titanolivin* genannt, $(Mg, Ti)_9[(OH)_2|SiO_4]_4$, kommt in dichten dunkelbraunroten Bröckchen in den Serpentinen der Alpentäler und im ligurischen Apennin vor.

Keilförmige Titanit-(Sphen-)Zwillinge. St. Gotthard (Schweiz)

Braunit
Mangansilikat, $Mn^{2+} Mn_6^{4+} [O_8|SiO_4]$,
kommt vorwiegend in dichten, körnigen schwarzen oder stahlgrauen Massen vor; Kristalle, prismatisch, sind selten. Im Harz, Thüringer Wald, Val d'Aosta (S.Marcel) tritt Braunit in typischer Begleitung anderer Manganerze auf.

Titanit = Sphen, $CaTi[O|SiO_4]$ – monoklin;
D. 3.4 – 3.56; H. 5. – 5.5.
Ein für eruptive und metamorphe Gesteine besonders in den Alpen charakteristisches Mineral, wo es auch in tafelig-keilförmigen Kristallen vorkommt (daher auch der Name *Sphen* = Keil), bildet öfter Kontakt- und Durchdringungszwillinge. Die Farben sind verschie-

Datolith. Cerezzola, Ciano d'Enza, Provinz Reggio Emilia. Findet sich, auch in anderen Fundorten der Emilia, mit Calcit in ziemlich ausgedehnten Adern im grünen Diabas

Dumortierit im dichten Verband, Madagaskar. Wird auch als Ornamentstein verwendet

den: weiß, gelb, grün, seltener rot wie die im Val d'Aosta vorkommende Varietät *Greenovit;* in der Tschibinska-Tundra auf der Halbinsel Kola (UdSSR) braunrote Prismen. Schöne Kristalle auch im Syenit bei Plauen (Sachsen), im Tessin und Graubünden, im Val d'Ossola und in Südtirol (oft mit grünem Chloritstaub bedeckt).

Ilvait. Rio Marina Insel, Elba (Italien)

Datolith, Dumortierit, Howlith, Grandidierit

Datolith, $CaB[OH|SiO_4]$ – monoklines Mineral, das gewöhnlich in Klüften basischer Eruptivgesteine (Diabas) und in Begleitung von Kupfererzen vorkommt. Bildet flächenreiche, lebhaft glänzende, farblose, weiße oder blaßgrüne Kristalle. Größere Vorkommen in Prospect Park bei Paterson (New Jersey) und Keweenaw (Michigan/USA). Sehr gute Stücke kommen auch aus Fundstätten in Italien: Toggiano, Serra dei Zanchetti, Ciano d'Enza (Emilia), Casarza Ligure; Montecatini Val di Cécina (Toskana); Seiser Alm (Bozen), Baveno (Lago Maggiore).

Dumortierit, $(Al, Fe)_7[O_3|BO_3(SiO_4)_3]$, ein seltenes, borhaltiges Mineral, das sich in dichten Massen oder faserigen Aggregaten findet. Farbe dunkelblau. Ziemlich häufig in Madagaskar; vereinzelte Funde bei Sòndalo im Veltlin (Valtellina/Lombardei).

Howlith, $Ca_2[(BOOH)_5|SiO_4]$, ein ebenfalls seltenes Borsilikat, bildet unregelmäßige, nierige, weißliche Knollen, z. B. in den Borlagerstätten Kaliforniens, wie der Sterling Borax Mine und Boron.

Grandidierit, $(Mg, Fe)\ Al_3\ O\ BO_4\ SiO_4$ – rhombisch, ein weiteres Bormineral, jedoch typisch für einige Pegmatite, wurde in Aggregaten von grünlichblauen prismatischen Kristallen bei Port Dauphin in Südmadagaskar gefunden.

Linke Seite: Uranophan oder Uranotil, Nadelkristalle. Ambrosia, New Mexico (USA)

Gadolinit, Uranophan

Gadolinit, $Y_2Fe\ Be_2[O|SiO_4]$, eine Verbindung seltener Erden, kommt sowohl in dichten, pechschwarzen Massen mit muscheligem Bruch als auch in monoklinen prismatischen Kristallen vor. Hauptfundorte Hiterö und Iveland (Norwegen) und Ytterby (Schweden). Als Seltenheit in Italien in Baveno und Cuasso al Monte (Varese).

Uranophan oder *Uranotil,* $CaH_2[UO_2|SiO_4]_2 \cdot 5\ H_2O$, bildet häufig auf Pechblende lebhaft gelbe Nadelfilze oder Überzüge. Grüne Fluoreszenz im UV-Licht. Prächtige Stücke kommen aus Ambrosia (New Mexico/USA).

GRUPPENSILIKATE

Gehlenit, Melilith, Cuspidin

Gehlenit, $Ca_2Al[(Si,Al)_2\ O_7]$, ein seltenes Mineral in Kontaktzonen von Magmatiten mit Kalksteinen bildet weißliche, kurze, tetragonale Prismen, wie z. B. bei der Taramelli-Hütte in der Monzoni-Gruppe im Fassatal (Trient).

Blauer Hemimorphit, mammillare Ausbildung. Sa Duchessa Mine, Domusnovas, Cagliari (Sardinien)

Epidot. Traversella bei Ivrea (Piemont)

In vielen vulkanischen Gesteinen findet sich *Melilith* = *Honigstein* in kurzen, tetragonalen kleinen Kristallen, weißlich, gelblich oder rötlich, so z. B. mit Leucit und Nephelin in den Basalten Mittelitaliens, des Vesuvs, des Rheinlandes, auf Hawaii usw.
Ebenfalls in Eruptivgesteinen Latiums und des Vesuvs kommt *Cuspidin*, $Ca_4[(F,OH)_2|Si_2O_7]$, in weißlichen oder rötlichen zugespitzten Kristallen vor. (Lateinisch cuspis = Spitze).

Ilvait, $CaFe^{2+}Fe^{3+}[OH|O\ Si_2O_7]$ – rhombisch; D. 3.99 – 4.05; H. 5.5 – 6.
Erstmals auf der Insel Elba (lateinisch Ilva) entdeckt; kommt in derben Massen, stengeligen Häufungen oder längsgestreiften prismatischen Kristallen vor; Farbe pechschwarz, bei einsetzender Oxidation rötlich; halbmetallischer oder harziger Glanz. Die in Form und Glanz schönsten Kristalle findet man in Rio Marina und Capo Calamita (Insel Elba); weitere Fundstätten in Campiglia Marittima (Toskana) und Perda Niedda/Iglesias (Sardinien). Große opake Kristalle kommen aus Seriphos, einer Kykladen-Insel im Ägäischen Meer.

Hemimorphit, $Zn_4[(OH)_2|Si_2O_7] \cdot H_2O$ – rhombisch; D. 3.4 – 3.5; H. 4.5 – 5.
Dieses *Kieselzinkerz* wird oft unterschiedslos mit anderen Zinkerzen von den Bergleuten *Galmei* genannt, ein Name, der eigentlich nur für Hemimorphit gelten sollte. Ein Sekundärmineral in Zinkerzlagerstätten, wo es stalaktitische, derbe, mammillare, löcherige Massen, selten prismatische kleine Kristalle bildet. Die Farbskala reicht von Milchweiß, Gelbbraun bis Meerblau. Die schönsten, 4 bis 5 cm langen, auf Limonit aufgewachsenen weißen Kristalle kommen aus der Ojuela-Mine bei Mapimì (Durango/Mexiko). Intensiv blaue mammillare Krusten finden sich in der Sa Duchessa Mine bei Domusnovas (Cagliari/Sardinien) begleitet von Chrysokoll,* Brochantit, Malachit, Cuprit u. a.

Epidot, $Ca_2(Fe,Al)Al_2[O|OH\ SiO_4\ Si_2O_7]$ – monoklin; D. 3.4 – 3.5; H. 6 – 7.
Ein Mineral, das zu einer Reihe verschiedener Arten gehört, die monoklin oder rhombisch kristallisieren und die häufig als Nebengemengteile vieler Gesteine auftreten. Der eigentliche Epidot bildet prismatische Kristalle von dunkelgrüner bis braungrüner Farbe; eine pistaziengrüne Varietät heißt *Pistazit.* Ein berühmter Fundort bis 20 cm langen Epidotkristallen ist die Knappenwand im Untersulzbachtal (Österreich); weiterhin viele andere Fundorte in den Alpen, wie z.B. Oisan in der Dauphiné (Frankreich), Val d'Ala, Traversella, Val d'Ossola (Piemont), Pfitschertal (Südtirol) u.a.; auch auf der Insel Elba.
Manganhaltiger Epidot – *Piemontit* – findet sich in gebündelten Aggregaten oder nadeligen Einzelkristallen von braunvioletter Farbe in einer Manganlagerstätte von S. Marcel im Val d'Aosta (Piemont).
Auch *Zoisit,* rhombisch, und *Klinozoisit,* monoklin, gehören zu dieser Reihe und bilden gewöhnlich derbkörnige oder breitstengelige Aggregate von grauer oder grünlicher Farbe; eine rosa Varietät heißt *Thulit. Allanit* oder *Orthit* ist ein pechschwarzer, mit seltenen Erden vermengter Epidot.

Vesuvian. Parco Chigi (Rom)

Blauer Benitoit mit schwarzem Neptunit auf weißem Natrolith. S. Benito County, Kalifornien (USA)

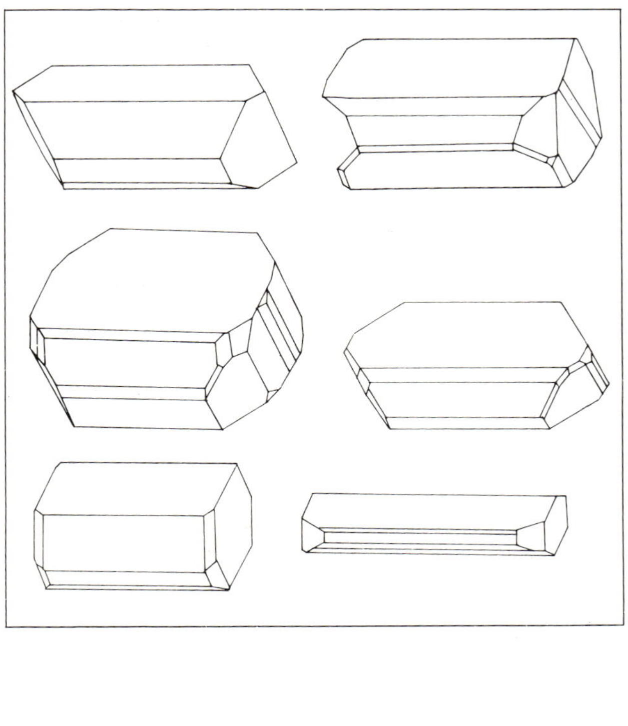

Rechts: Epidot; häufiger vorkommende prismatische Formen

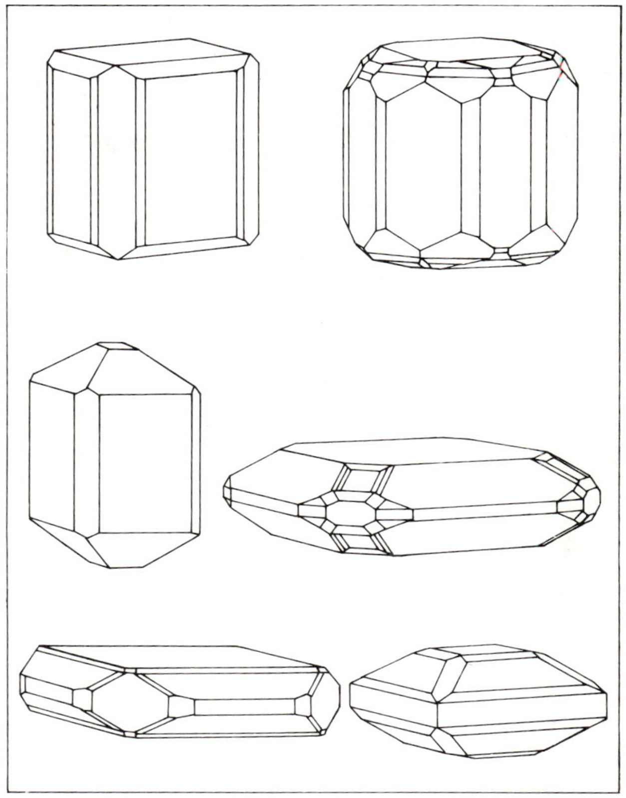

Typisch prismatische Kristallformen des Vesuvian; die ersten drei häufiger, die anderen, tafeligen, seltener, z. B. am Vesuv

Vesuvian, $Ca_{10}(Mg,Fe)_2Al_4[(OH)_4|(SiO_4)_5|(Si_2O_7)_2]$ – tetragonal; D. 3.35 – 3.47; H. 6.5.
Anfangs als vesuvischer Edelstein beschrieben, aber Ende des 18. Jahrhunderts von Werner als Mineral erkannt; kommt in derben Massen und häufig in (meist kurzen) prismatischen Kristallen vor; Farben grasgrün bis braungrün, braun und schwarz; Glasglanz, manchmal durchsichtig, zumeist aber durchscheinend oder opak. Olivgrün heißt er *Idokras;* mit auffälliger Flächenzeichnung vom Viljuj-Fluß in Jakutien (UdSSR) *Wiluit.*
Grüner Vesuvian im Val d'Ala und Valle Antrona (Piemont), brauner im Fassatal und Fleimsertal (Fiemme, Trient) und am Monte Somma (Vesuv) sowie schwarzer in den Tuffen von Latium.

RINGSILIKATE

Benitoit, Eudialyt, Taramellit, Axinit

Benitoit, $BaTi[Si_3O_9]$, hat seinen Namen von der einzigen Fundstätte, der San-Benito-Mine in Kalifornien. Bildet kleine Doppelpyramiden von blaß- bis himmelblauer Farbe und findet sich in Begleitung von schwarzem *Neptunit* in weißen Natrolithadern verwitterter Serpentine.
Eudialyt = Grönlandspat, $(Na,Ca,Fe)_6 Zr[(OH,Cl)|(Si_3O_9)_2]$. Kommt in pegmatitischen Syenitgesteinen in körnigen, unregelmäßigen Massen von ziegelroter, roter oder brauner Farbe vor. Hauptfundstätten Magnet Cove (Arkansas/USA), Grönland, Norwegen und Halbinsel Kola (UdSSR).

Eudialyt. Chibinska Tundra, Halbinsel Kola (UdSSR)

Taramellit, so benannt nach dem bergamaskischen Geologen Taramelli, ist ein seltenes Barium-Eisen-Titan-Silikat, das sich in dunkelrotvioletten, feinfaserigen Aggregaten in den Marmorbrüchen von Candoglia im Val d'Ossola (Piemont) findet.

Axinit, $Ca_2(Fe,Mn)AlAl[BO_3OH|Si_4O_{12}]$ – triklin; D. 3.3; H. 6 – 6.5.

Bildet scharfkantige, keilförmige Kristalle (in älteren Quellen Beilstein genannt) von brauner oder pflaumenblauer Farbe; Glasglanz, gut durchscheinend; im Kontaktbereich von Eruptivgesteinen. Berühmt die Fundstätten von Bourg d'Oisan (Dauphiné/Frankreich), Coars Gold, Madera-County (Kalifornien) und Scopi (Graubünden); kleinere Kristalle in Baveno (Lago Maggiore), auf der Maddalena-Insel (Sardinien), im Val Susa, Val d'Ossola und Fassatal. Eine manganhaltige Varietät, blätterig-strahlig, orange, rötlich oder schwe-

Tinzenit, manganhaltige Varietät von Axinit; faseriges Aussehen. Cassagna, Provinz Genua (Italien)

felgelb, heißt nach dem Fundort Tinzen (Tinizong/ Graubünden) *Tinzenit;* kommt auch in der Mangangrube von Cassagna und Gambatesa bei Chiavari (Italien) vor.

Beryll, $Al_2Be_3[Si_6O_{18}]$ – hexagonal; D. 2.63 – 2.8; H. 7.5 – 8.
Als Edelstein war Beryll schon im frühesten Altertum sehr begehrt; heute hat er auch große Bedeutung für die Gewinnung von Beryllium in der Reaktortechnik und Raumfahrt. Bildet sechsseitige Prismen von verschiedener Größe und Farbe. Am wertvollsten unter den Edelsteinqualitäten ist der grüne *Smaragd*; weit häufiger der hellblaue *Aquamarin*; goldgelb (opalisierend) *Heliodor;* rosenrot *Morganit.* Gemeiner Beryll kann auch weißlichgrau, durchsichtig bis opak sein und ist typisch in Pegmatit-Gängen des Granits; beim Smaragd kom-

Axinit. Le Bourg d'Oisan, Dauphiné (Frankreich). Ein unter hydrothermalen Einflüssen entstandenes Mineral, das auch in den Alpen vorkommt

Linke Seite: Aquamarin-Gruppe (Beryll). Aduntschilon, Ural (UdSSR)

Heliodor, Varietät von Beryll. Brasilien

men auch hydrothermale Umwandlungen in Betracht. Große Lagerstätten im Staat Minas Gerais (Brasilien), Madagaskar und im Ural. Eine alte Fundstätte für Smaragde im Habachtal (Salzburg); heute kommen die schönsten Smaragde aus Muzo (Kolumbien). Beryll kommt auch sonst in den Alpen vor (Kärnten, Schweiz), in Italien (meist blau oder weiß) im Val Vigezzo, Valle Antrona, Val d'Ossola, Olgiasca, Val Codera und Rio Masul (Masulschlucht, Südtirol). Ein rosa Beryll im Granit des Monte Capanne (Insel Elba) wird *Rosterit* genannt.

Bazzit, ein seltenes Skandium-Beryllium-Eisen-Silikat kommt in kleinen himmelblauen Prismen in Baveno (Lago Maggiore) sowie an einigen Fundorten in der Schweiz und der UdSSR vor.

Cordierit, $Mg_2Al_3[AlSi_5O_{18}]$ – rhombisch; D. 2.6; H. 7–7.5.

Cordierit wird wegen seines Dichroismus auch *Dichroit* genannt, d.h. bei Betrachtung eines Kristalles aus verschiedenen Richtungen ändert dieses die Farbe. Bildet gedrungene, pseudohexagonale Prismen; meist aber blaue Körner oder Kristallsplitter, die leicht mit Quarz verwechselt werden können. Eine durchsichtige vio-

Beryll: Oben langsäulige Formen, etwa charakteristisch für Aquamarin und Heliodor, im Vergleich zu den meist kürzeren Formen der mehr alkalireichen Berylle; letzter unten rechts von der Insel Elba

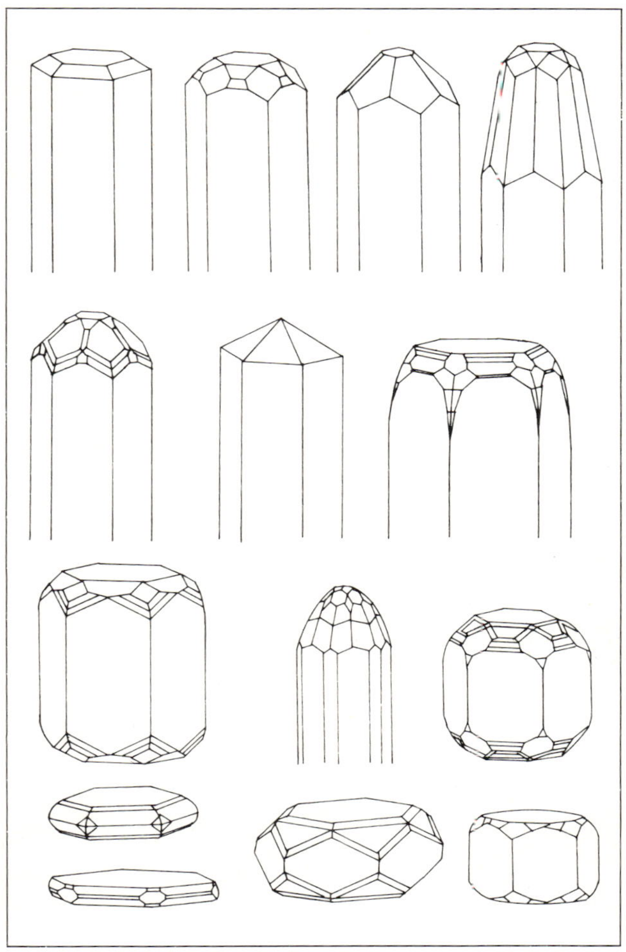

Blauer Kleinkristall von Bazzit auf Orthoklas. Baveno (Lago Maggiore)

Schwarzer Turmalin (Schörl) auf Pegmatit. Olgiasca (Comer See)

Rosa Turmalin-Prismen.

lettblaue Varietät, *Jolith,* findet Verwendung in der Edelsteinindustrie. Schöne Kristalle findet man in Bodenmais (Bayern), Näversberg (Schweden), Orijärvi (Finnland); wertvolle Varietäten in Ceylon und Madagaskar.

Turmalin, $NaFe_3Al_6[(OH)_4|(BO_3)_3|Si_6O_{18}]$ – trigonal; D. 2.98 – 3.2; H. 7.75.
Auch bei den Turmalinen entstehen durch Einschluß anderer Metalle Mischkristalle und Varietäten verschiedenster Eigenschaften und Farben (von farblos bis schwarz). Obige Formel gilt für den am häufigsten vorkommenden Turmalin, genannt *Schörl* (schwarz). Andersfarbige enthalten je nachdem Lithium, Magnesium, Kalzium, wie: *Elbait, Rubellit, Siberit* (rosa oder rot); *Indigolith* (blau); *Verdelith* (grün); *Achroit* (farblos); *Mohrenköpfe* (schwachfarbig mit dunklen Enden; andere Einschüsse sind Mangan und Fluor. Durchsichtige, glasglänzende Arten sind in der Edelsteinindustrie sehr geschätzt. Berühmt die rosa Turmaline aus Pala bei San Diego (Kalifornien), Madagaskar, Brasilien und Sibirien. In San Piero in Campo (Insel Elba) findet man rote, rosa, mehrfarbige sowie Mohrenköpfe und Schörl; blaue und grüne in Brasilien; gestreifte in Madagaskar. Große Schörlkristalle auf der Saualpe (Kärn-

Mohrenkopf mit Orthoklas und Quarz. S. Pietro in Campo (Insel Elba)

Grüner prismatischer Diopsid mit Hessonit-Granat. Pian della Mussa, Val d'Ala (Piemont)

ten); recht gute schwarze in Olgiasca (Comer See) und am Monte Capanne (Insel Elba) sowie in Madagaskar und Brasilien. Eigenartig strahlig in der Gegend von Biella und Predazzo (Italien).

Dioptas, $Cu_6[Si_6O_{18}] \cdot 6\,H_2O$ – trigonal; D. 3.3; H. 5. Ein seltenes und sehr gesuchtes Mineral, bekannt wegen seiner prächtigen pseudokubischen Kristalle von smaragdgrüner Farbe, daher auch *Kupfersmaragd* genannt. Vorkommen in Mindouli und Rénéville (Kongo-Brazzaville), Katanga, Tsumeb (Südwestafrika).

Ketten- und Bandsilikate

Pyroxen-Gruppe

Diese umfaßt rund 20 Arten mit weitgehender Mischbarkeit; einige treten als Gemengteile von metamorphen und eruptiven Gesteinen auf. Oft stengelige oder faserige Kristallformen von grüner oder schwarzer Farbe.

Die hauptsächlichsten Glieder dieser auch *Augit*-Reihe genannten Minerale sind:

Diopsid, $CaMg[Si_2O_6]$ – monoklin; D. 3.3; H. 5.5. – 6.5.

Voll ausgebildete Kristalle sind selten, meist stumpfe Prismen oder grobstengelige Aggregate, weißlich, gelblich, grau, blaßgrün, dunkelgrün; Glasglanz, manchmal durchsichtig. Vorkommen im Binnatal und Castione (Schweiz), schöne hellgrüne, durchsichtige oder durchscheinende Prismen mit Hessonit und Chlorit im Val d'Ala (Piemont). Eine violette Varietät, *Violan,* in S. Marcel (Val d'Aosta). Schöne grüne, durchsichtige Stücke von Chromdiopsid kommen aus Outokumpu (Finnland).

Hedenbergit, $CaFe[Si_2O_6]$ – monoklin; bildet im allgemeinen stengelige, manchmal prismatische Kristalle von dunkel- oder graugrüner Farbe. Beträchtliche Vorkommen von dichten oder faserig-strahligen Massen in Erzlagerstätten von Rio Marina und Capo Calamita (Insel Elba). Vermischt sich leicht mit Diopsid. Größere, gleichdimensionale schwarze Kristalle kommen aus der Nordmarkgrube im Värmland (Schweden).

Johannsenit, $CaMn[Si_2O_6]$ – monoklin; bildet dichte, faserige Aggregate von hellgrüner Farbe, die ins Braune oxidiert; kommt meist in manganhaltigen Lager-

Links: Johannsenit, leicht faserig. M. Civillina, Recoaro (Provinz Vicenza, Italien)

Rechts: Fassait. Traversella b. Ivrea (Piemont)

Links: Dioptas in charakteristisch leuchtend grüner Farbe. Rénéville (Kongo-Brazzaville)

Rechts: Violan, manganhaltiger Diopsid. Von der Farbe hat er den Namen. S. Marcel, Val d'Aosta (Italien)

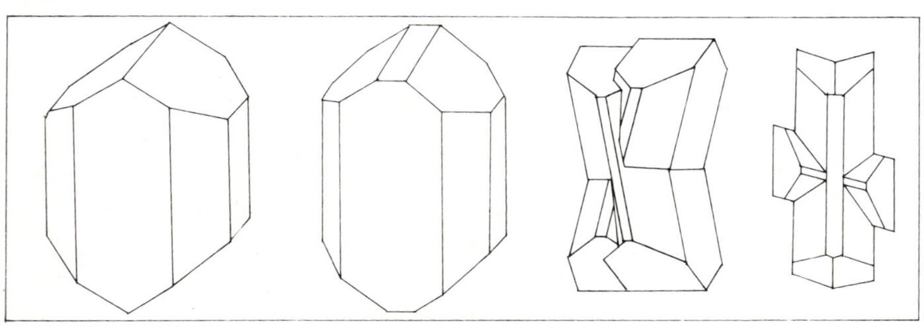

stätten vor, z. B. auf dem Monte Civillino bei Recoaro (Italien).

Der gemeine *Augit* – monoklin – ist in seiner Zusammensetzung sehr kompliziert und kann in wechselhaften Anteilen Kalzium, Eisen, Magnesium, Titan, Aluminium enthalten. Häufiger Gemengteil vulkanischer Gesteine, wo er oft schöne schwarze Kristalle von achteckigem Querschnitt bildet, wie z. B. in Limburg am Kaiserstuhl (Baden-Württemberg), Teplice (ČSSR), in Vulkantuffen Latiums und des Vesuvs.

Dem Augit sehr ähnlich ist *Fassait,* $CaMg[Si_2O_6]$, nebst Al,Fe und Ti.

Bildet im Kontaktbereich mit Marmor hübsche grüne kleine Kristalle, z. B. im Fassatal (Südtirol) und in Traversella/Ivrea (Piemont).

Im rhombischen System kristallisiert *Bronzit,* $(Mg,Fe)_2[Si_2O_6]$, ein Nebengemengteil basischer Gesteine wie Gabbro; bräunlich, grünlich, mit bronzeartigem Glanz. Viel seltener ist *Karpholith,* der in strohgelben, büschelig-strahligen Ausbildungen in Böhmen, im Harz und in den Ardennen (Belgien) vorkommt.

Spodumen, $LiAl[Si_2O_6]$ – monoklin; D. 3.2; H. 6.5 – 7. Ein wichtiges Lithiumerz; bildet öfter auch größere, plattig-prismatische Kristalle von Edelsteinqualität, farblos; gelb (*Triphan*), rosa (*Kunzit*), grün (*Hiddenit*). Die besten Kristalle kommen aus Minas Gerais (Brasilien); Kunzit aus der S. Pedro Mine bei San Diego (Kalifornien) und Etta Mine, Black Hills (South Dakota/USA, bis 1,5 m lang) und Madagaskar.

Amphibole = Hornblende-Gruppe

Wie in der Augitgruppe, denen die grobstengelig bis feinfaserigen Hornblenden bei oberflächlicher Betrachtung sehr ähnlich sind, gibt es vorwiegend monokline, weniger rhombische Arten. Farben: von weiß bis schwarzgrau.

Tremolit (auch *Grammatit*), $Ca_2Mg_5[(OH,F)|Si_4O_{11}]_2$ – monoklin, wird mit Aktinolith zu den *Strahlsteinen* gezählt. Kommt in faserigen Bündeln von weißer, grauer, blaugrüner Farbe und Seidenglanz vor. Vorkommen im Tremolatal am Gotthard (daher der Name); schöne, radialstrahlige Gruppen kommen aus Campolongo im Tessin.

Aktinolith, $Ca_2(Mg,Fe)_5[(OH,F)\ Si_4O_{11}]_2$ – monoklin, ein anderer Strahlstein, dem Tremolit sehr ähnlich, mit dem er eine Mischungsreihe bildet; Farben jedoch hellgrün, dunkelgrün bis schwarz. Im gesamten Alpenraum sehr verbreitet.

Hornblende, monoklin, ein sehr kompliziertes Silikatgemisch von Natrium, Kalium, Kalzium, Magnesium, Eisen und Aluminium, kommt stengelig, faserig, kör-

Oben: Kunzit, rosa Varietät von Spodumen. Pala S. Diego, Kalifornien (USA)

Kristallformen des Augit: Die beiden links sind gewöhnliche und häufige Formen, die anderen sind Durchkreuzungszwillinge vom Stromboli

Prismatischer Aktinolith.
St. Gotthard (Schweiz)

nig vor, nicht sehr häufig in gut ausgebildeten, kurzsäuligen Kristallen und Zwillingen; rabenschwarz, manchmal grünlich, hornartiger Glanz. Schöne Kristallgruppen in Kragerö, Snarum und Arendal (Norwegen), Nordmark (Schweden), Bilina (ČSSR), Spittal (Kärnten), sehr große im Nordural; auch in Vulkanauswürfen Latiums, des Vesuvs und Ätna.
Sehr feinfaserige Ausbildungen von Strahlsteinen und Hornblende nennt man *Hornblendeasbest,* haarfeine *Byssolith.*

Glaukophan, ein Vertreter der Natriumhornblenden, bildet auf manchen kristallinen Schiefern schwarzblaue, nadelige Kristalle. *Krokydolith,* eine weiße oder blaue, sehr faserige Varietät einer anderen Natriumhornblende, des *Riebeckit,* auch als blauer oder Kap-Asbest bekannt, ist verspinnbar. Vorkommen am Oranjefluß in Südafrika.

Wollastonit, Pektolith, Rhodonit, Babingtonit

Dies sind trikline Kettensilikate, den Hornblenden sehr ähnlich, aber in der Feinstruktur noch komplizierter. *Wollastonit,* $Ca_3[Si_3O_9]$, entsteht in Kontaktzonen magmatischer Gesteine und Kalke. Meist in kristallinfaserigen Massen von weißer oder rosaroter Farbe und Seidenglanz oder in gleichdimensionalen Einzelkristallen. Gut ausgebildete Kristalle kommen aus Natural Bridge, St. Lawrence County (New York/USA). Einige Vorkommen in Italien: mit Vesuvian in Bazena in der südlichen Adamellogruppe (Lombardei), Gavorrano (Toskana), am Vesuv und in der Umgebung von Rom. *Pektolith,* $Ca_2Na[Si_3O_8\ OH]$. Faserig-strahliges Aussehen, weiß, grauweiß, Seidenglanz. Tritt oft in Begleitung von *Apophyllit* und Zeolithen, z. B. *Natrolith,* auf, die ähnlich aussehen, aber Glasglanz haben. Ausgezeichnete Stücke finden sich in den Basaltbrüchen von

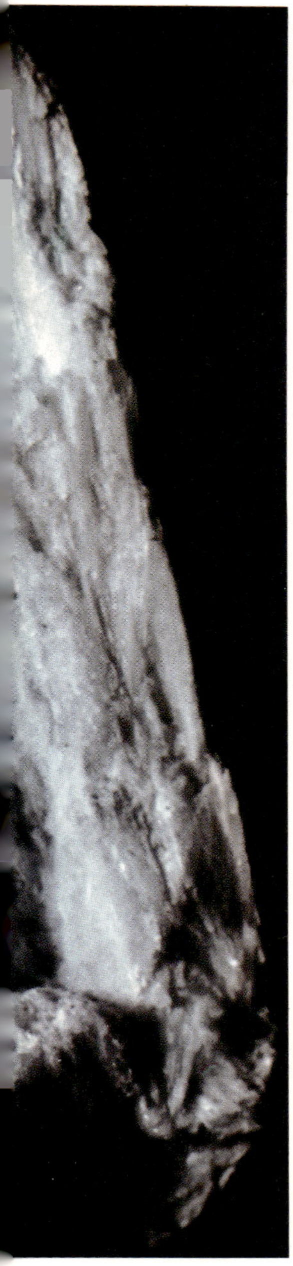

Wollastonit, faserig-blätterig. Jesenik, Schlesien (ČSSR)

Oben links: Orthoklas, teilweise mit schwarzbraunem Babingtonit überzogen. Baveno (Lago Maggiore)
Oben rechts: Tafelige Kristalle von Rhodonit. Franklin, New Jersey (USA)

Kugeliger Prehnit. Seiser Alm (Bozen)

Zwei schematische Darstellungen von Rhodonit; links gleichdimensional, rechts tafelig. Darunter: Babingtonit, Nassau (BRD) und ganz unten aus Baveno (Lago Maggiore)

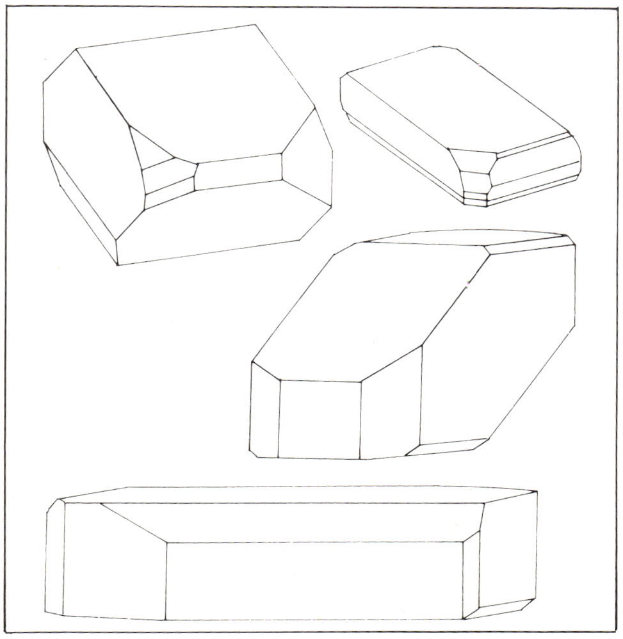

Prospect Park und New Street (New Jersey/USA). In Italien in Tierno bei Mori (Trient).

Rhodonit, $CaMn_4[Si_5O_{15}]$. Kommt vorwiegend in dichten, körnigen Massen vor, recht selten in rosafarbenen, prismatisch-tafeligen Kristallen, die ausschließlich aus der klassischen Fundstätte von Franklin (New Jersey/USA) stammen. Derb wird Rhodonit viel als Ornamentstein benutzt. In Italien spärliche Adern im Val Malenco und Val d'Aosta.

Babingtonit, $Ca_2Fe^{2+}Fe^{3+}[Si_5O_{14}OH]$, ein keineswegs häufiges Mineral. Es kommt in schwarzen, schwach violetten Aggregaten von abgeplatteten Kleinkristallen vor. In Baveno finden sich Orthoklaskristalle mit einem Überzug von Babingtonit, oft limonitartig umgewandelt. Weitere Vorkommen in Norwegen, Deutschland, der USA.

Prehnit, Bavenit

Prehnit, $Ca_2Al_2[(OH)_2\ Si_3O_{10}]$ – rhombisch, kommt vorwiegend als feinfaserige Kruste oder in kugeligen, mammillaren, nierigen Aggregaten von grauer, gelblicher, grüngelber, smaragdgrüner Farbe vor; durchscheinend, Glas-, Fett- oder Perlglanz. Kristalle sind selten und recht klein, manchmal in Form von Doppeläxten. Im Tessin ist Prehnit von zarter grüner oder blauer Farbe; weitere Vorkommen an verschiedenen Orten in den Alpen (Val d'Ala/Piemont, Fassatal/Trient), im Apennin, wo er öfter in Begleitung von Datolith auftritt (Toggiano/Modena, Ciano d'Enza/Reggio Emilia); mit Datolith auch in Paterson (New Jersey/USA).

Im Granit von Baveno (Lago Maggiore) finden sich weiße oder gelbliche, kugelig-faserstrahlige Aggregate von *Bavenit,* $Ca\ (BeH_2,\ AlH,Si)[Si_2O_7]$, der auch in mehreren Fundorten im Val d'Ossola, in Graubünden (Schweiz), der ČSSR und Kalifornien vorkommt.

Schichtsilikate

Apophyllit, Pyrophyllit, Talk

Apophyllit, $KCa_4[F|(Si_4O_{10})_2] \cdot 8\ H_2O$ – tetragonal, bildet tafelige oder blätterige Kristalle, pseudokubisch, manchmal pyramidal; farblos, weiß, blau, rosa, gelb, schwefelgelb, grün; durchsichtig, durchscheinend oder opak. Große grünlichblaue Kristalle mit Glasglanz kommen in Begleitung von Stilbit und Skolezit in Poona bei Bombay (Indien), grüne, pyramidale ebenfalls in Indien vor; gelbe, mit Harmotom, in Finnland. Durchsichtig-farblose, weiße oder rosa auf der Seiser Alm bei Bozen.

Pyrophyllit, $Al_2[(OH)_2|Si_4O_{10}]$ – monoklin, bildet eigenartige, strahlig-blätterige, fächer- oder rosettenartige Aggregate von silbergrauer Farbe, die sich fettig anfühlen. Die grünliche, dichte Ausbildung, *Agalma-*

Tafeliger weißer Apophyllit. Seiser Alm (Bozen)

Links: Prismatischer, durchsichtiger Apophyllit mit Spaltflächen parallel zur Basis. Poona, Bombay (Indien)

Rechts: Radialstrahliger Pyrophyllit. Ural (UdSSR)

Bavenit. Kugelige Blättchenaggregate auf Orthoklas. Baveno (Lago Maggiore)

Links: Lepidolith von typisch zarter Fliederfarbe. Rožná, Mähren (ČSSR)

Rechts: Alurgit, manganhaltige Varietät von Muskowit. S. Marcel, Val d'Aosta (Piemont)

tolith genannt, findet Verwendung als Ornamentstein.
Talk, $Mg_3[(OH)_2|Si_4O_{10}]$ – monoklin, ist sehr weit verbreitet, bildet blätterige Aggregate und dichte Massen. Ganz dichter Talk heißt *Steatit = Speckstein,* wird als feuerfestes Material, aber auch zu Bildschnitzereien verwendet. Im Val Malenco (Lombardei) findet sich neben gewöhnlichem weißen oder grauen Talk auch grüner, glimmerartiger »Edeltalk«. Weitere Vorkommen im Fichtelgebirge, in Tirol, im Hospental (Schweiz), Ural, China usw., wie auch in verschiedenen Fundorten Italiens (Val Pellice, Val Chisone, Apennin und Sardinien).

Glimmer, Chrysokoll

In der Gruppe der Glimmer ist eine Reihe von Mineralien zusammengefaßt, deren Hauptmerkmal die Ausbildung dünner und dünnster, vollkommen spaltbarer Blättchen ist. Alle kristallisieren monoklin, zeigen aber oft sechseckigen oder dreieckigen Querschnitt. In metamorphen und Eruptivgesteinen weit verbreitet. Wegen ihrer Isolierfähigkeit finden sie Verwendung in der Elektrotechnik und als Feuerschutz.

Muskowit, $KAl_2[(OH,F)_2|AlSi_3O_{10}]$. Von silbrig-metallischem Glanz, daher weißer Glimmer genannt. Die nicht immer voll ausgebildeten Kristallplatten- und -tafeln sind oft in Päckchen gestapelt und können auch beträchtliche Größen erreichen. Der früher als Moskauer Glas nach Mitteleuropa exportierte Muskowit (daher der Name) wurde für Fensterscheiben benutzt. Beim Volk heißen die silbrigen Schüppchen Katzensilber. Durch Eisen- oder Chromgehalt wird er grün: *Fuchsit;* rötlicher, manganhaltiger: *Alurgit.* Muskowit ist in den Alpen recht häufig. Schöne Kristallgruppen kommen aus Minas Gerais (Brasilien) und Virginien (USA). Fuchsit findet sich im Zillertal (Österreich); grüngebänderter in Castelnuovo Nigra bei Ivrea (Piemont); Alurgit in Manganlagern von S. Marcel im Val d'Aosta.
Ein dem Muskowit ähnlicher, natriumhaltiger Glimmer heißt *Paragonit;* er ist schneeweiß.
Biotit, $K(Mg,Fe)_3[(OH,F)_2|AlSi_3O_{10}]$, auch als dunkler Glimmer bezeichnet, bildet elastische Blättchen, bei denen auch noch die dünnsten dunkelgrün erscheinen; durch Verwitterung kann er goldig glänzen = Katzen-

Chrysokoll, nierig-mammillare Konkretion. Sa Duchessa Mine, Domusnovas (Sardinien)

gold. Kristalle sind sehr selten, eher findet man solche bei dem ähnlichen, mehr Magnesium enthaltenden *Phlogopit*. Manchmal finden sich Einzelkristalle von Biotit in Vulkangesteinen Latiums und des Vesuvs. Bis zu 10 cm lange Phlogopit-Kristalle kommen im Staat Ontario (Kanada), New Jersey (USA) und auf Madagaskar vor.

Lithiumhaltiger rosa-lila *Lepidolith* kommt in Lithium-Pegmatiten von Madagaskar, Brasilien, Rhodesien, Kalifornien, Österreich, der ČSSR vor. In Italien finden sich schuppige, fächerförmige Aggregate im Granit des Monte Capanne (Insel Elba). Wo Lepidolith in ausreichender Menge vorhanden ist, wird er zur Gewinnung des Leichtmetalls Lithium (D. O.534) verhüttet, also leichter als Wasser.

Chrysokoll, $CuSiO_3 \cdot n H_2O$; findet sich in stalaktitischen Massen oder amorph aussehenden Krusten von grüner, blauer, bläulichgrüner Farbe, mit Glas- oder Porzellanglanz als Sekundärmineral in Kupfererzlagerstätten sehr verbreitet. Vorkommen im Ural, in Ka-

Chlorit, blätterförmig. Achmatowsk, Ural (UdSSR)

Oben rechts: Chrysotil- oder Serpentinasbest-Adern in umgewandeltem Serpentin. Polnisch Schlesien

Unten rechts: Garnierit, eine nickelreiche Varietät des Chrysotil. Nouméa (Neukaledonien)

Analcim, Ikositetraeder. Seiser Alm (Bozen)

tanga, Chile u.a. Schöne Stücke findet man auch am Capo Calamita (Insel Elba) und Sa Duchessa/Iglesias (Sardinien).

Chlorit-Gruppe

Eine ganze Reihe von glimmerähnlichen, blätterigen Mineralen; allen gemeinsam ist eine Grundformel und die leuchtend grüne oder blaugrüne Farbe (Chloros = grün). Je nach der chemischen Zusammensetzung und Struktur, die ohne besondere Hilfsmittel nicht feststellbar ist, haben die einzelnen Glieder gängige Namen: *Pennin, Klinochlor, Ripidolith* usw. Ein chromhaltiger dunkel- oder rotvioletter Chlorit, *Kämmererit* genannt, findet sich in Locana Canavese (Piemont) und Guleman (Türkei).

Serpentin

Als Mineral ist *Serpentin,* $Mg_6[(OH)_8|Si_4O_{10}]$, hier zu behandeln, weil es wesentlicher Bestandteil der grünen Gesteine (Serpentinite) und in den Alpen und im Apennin weit verbreitet ist, wo es von anderen interessanten Mineralien wie Demantoid, Magnetit, Pyrit, Perowskit, Artinit usw. begleitet wird. Serpentin kommt in zwei Strukturformen vor: als Blätterserpentin = *Antigorit* und als Faserserpentin (oder Serpentinasbest) = *Chrysotil.* Faserserpentin ist weiß, gelblich bis grünlich, seidig glänzend und kann ungewöhnlich lange Fasern bilden, z.B. in Campo Franscia, Val Malenco (Lombardei) über 1 m. Große Lagerstätten in Kanada (Provinz Quebec). In metamorphen, magnesiumhaltigen Gesteinen in Adern, Klümpchen, Überzügen von schön apfelgrüner, gelber Farbe (Val Malenco u.a.). Im

Leucit, Ikositetraeder (Leucitoeder). Parco Chigi, Ariccia (Rom)

Unten: Nephelin in weißen hexagonalen Prismen. Casalrotondo (Rom)

Linke Seite: Orthoklas, Manebach-Zwillinge mit Quarz. Baveno (Lago Maggiore)

Adular: Pseudorhomboedrische Kristalle. Lucomagno (Schweiz)

Garnierit ist ein Teil des Magnesiums durch Nickel ersetzt; für dessen Gewinnung von Bedeutung (Neukaledonien). Polierfähiger Edelserpentin wird zu kunstgewerblichen Gegenständen verarbeitet (Österreich, Schweiz).

GERÜSTSILIKATE

Feldspatvertreter

Gruppierung einiger Minerale, die vor allem in quarzarmen vulkanischen Gesteinen vorkommen.

Nephelin, $KNa_3[AlSiO_4]_4$; D. 2.6; H. 5.5 – 6.

Bildet nur selten kurze, sechsseitige Säulchen, manchmal tafelig, von weißer, lichtgrauer, gelblicher Farbe mit Glas- oder Fettglanz. Gute Stücke finden sich im Odenwald und Vogelsberg (Hessen), in Laven des Monte Somma/Vesuv und Latiums. Eine derbe rötliche oder graue Varietät, *Eläolith,* ein Syenit, nach dem fettigen Glanz auch Fettstein genannt, kommt in Skandinavien und in Ontario (Kanada) vor.

Analcim, $Na[AlSi_2O_6] \cdot H_2O$ – kubisch; D. 2.22; H. 5.

Findet sich fast immer in ikositetraedrischen Kristallen vor, manchmal von beträchtlicher Größe. Farben weiß, fleischrot, blaß-graugrün; durchsichtig, durchscheinend, matt; Glas- oder Porzellanglanz. Große Kristalle am Cape Blomidon (Nova Scotia/Kanada), auf der Seiser Alm (Bozen); kleinere in Montecchio Maggiore und Val dei Zuccanti (Lombardei); sehr klare auf den Zyklopenriffen bei Catania.

Leucit, $K[AlSi_2O_6]$ – tetragonal; D. 2.5; H. 5.5 – 6.

Der Name kommt aus dem griechischen Leukos = weiß. Bildet stets Ikositetraeder (die daher auch Leucitoeder genannt werden), ähnlich dem Analcim, aber weiß oder lichtgrau, auch erdig matt. Ein für die Tuffe Latiums (Parco Chigi bei Ariccia) und die Laven von Roccamonfina und des Vesuvs typisches Mineral. Gut ausgebildete Kristalle sind nicht selten und oft von Melanit, Augit usw. begleitet.

Feldspat-Gruppe

Mit einer Fülle von Arten und Varietäten sind die Feldspäte die am weitesten verbreiteten Silikate, besonders in metamorphen und Ergußgesteinen. Schöne Kristallbildungen sind ziemlich häufig.

Orthoklas (= rechtwinklig spaltender Kalifeldspat), $K[AlSi_3O_8]$ – monoklin; D. 2.56; H. 6. Gewöhnlicher Orthoklas kommt meist in unregelmäßigen Körnern, spätig sowie in tafeligen, gestreckten oder gleichdimensionalen Prismen vor; Karlsbader Zwillinge sind nicht selten. Farblos, weiß, grau, rosa, fleischrot; durchscheinend oder opak.

Adular, ein weißer oder durchsichtiger Kalifeldspat, oft mit grünem Chlorit überzogen oder durchstäubt, ist typisch für Klüfte der kristallinen Schiefer der Alpen – der Name stammt auch von der Adula-Gruppe der Graubündner Alpen ab. Durch Überentwicklung einer Fläche täuschen seine Kristalle oft Rhomboeder vor.

Sanidin, ein Kalifeldspat, bildet durchscheinende, oft verzwillingte Tafeln von grauer, brauner, rötlicher Farbe und kommt in Eruptivgesteinen vor, z. B. in Soriano bei Viterbo (Latium), Insel Pantelleria (südlich von Malta), im Rheinland, in Karlsbad (Karlovy Vary, ČSSR) usw. Schöne milchweiße, fleischrote prismatische Orthoklaskristalle und -zwillinge finden sich zusammen mit Quarz, Albit, Fluorit in Granitgeoden bei Baveno (Italien); ähnliche, aber kleiner und ziegelrot im Quarzporphyr von Cuasso al Monte (Varese); milchweiß durchscheinenden mit Turmalin, Lepidolith und Quarz gab es früher in S. Piero in Campo (Insel Elba); große graurosa Kristalle kommen aus Villadreu (Spanien). In Itrongay (Madagaskar) ist eine gelbe, durchsichtige, edelsteinträchtige Varietät bekannt, die noch wenig benutzt wird.

Mikroklin hat die gleiche chemische Formel wie Orthoklas, kristallisiert jedoch triklin. Eine lauchgrüne Varietät, *Amazonit* (nach Rollstücken im Amazonas benannt), kommt in dichten Massen und würfeligen Kristallgruppen am Pikes Peak (Colorado), Amelia (Virginia/USA) in Brasilien und Madagaskar vor.

Plagioklas, $(Na,Ca)[AlSi_3O_8]$, eine Gruppe trikliner, schräg spaltender Kalknatron-Feldspäte, die vorwiegend derb oder in Körnern auftreten. Nur Albit und Anorthit bilden Kristalle aus. *Albit,* $Na[AlSi_3O_8]$, führt über eine lückenlose Mischungsreihe vom Natron- zum reinen Kalkfeldspat *Anorthit,* $Ca[Al_2Si_2O_8]$. Albit bildet weiße, auch durchsichtige, glasglänzende, tafelige Gruppen; gestreckte, meist trübe, tafelige Formen werden als Varietät – *Periklin* – bezeichnet; sie sind oft mit Chlorit überzogen und verzwillingt und ziemlich häufig in Österreich und Südtirol. Albit kommt auch in alpinen Schiefern, im Granit von Baveno (Lago Maggiore), auf der Insel Elba und im apuanischen Marmor vor.

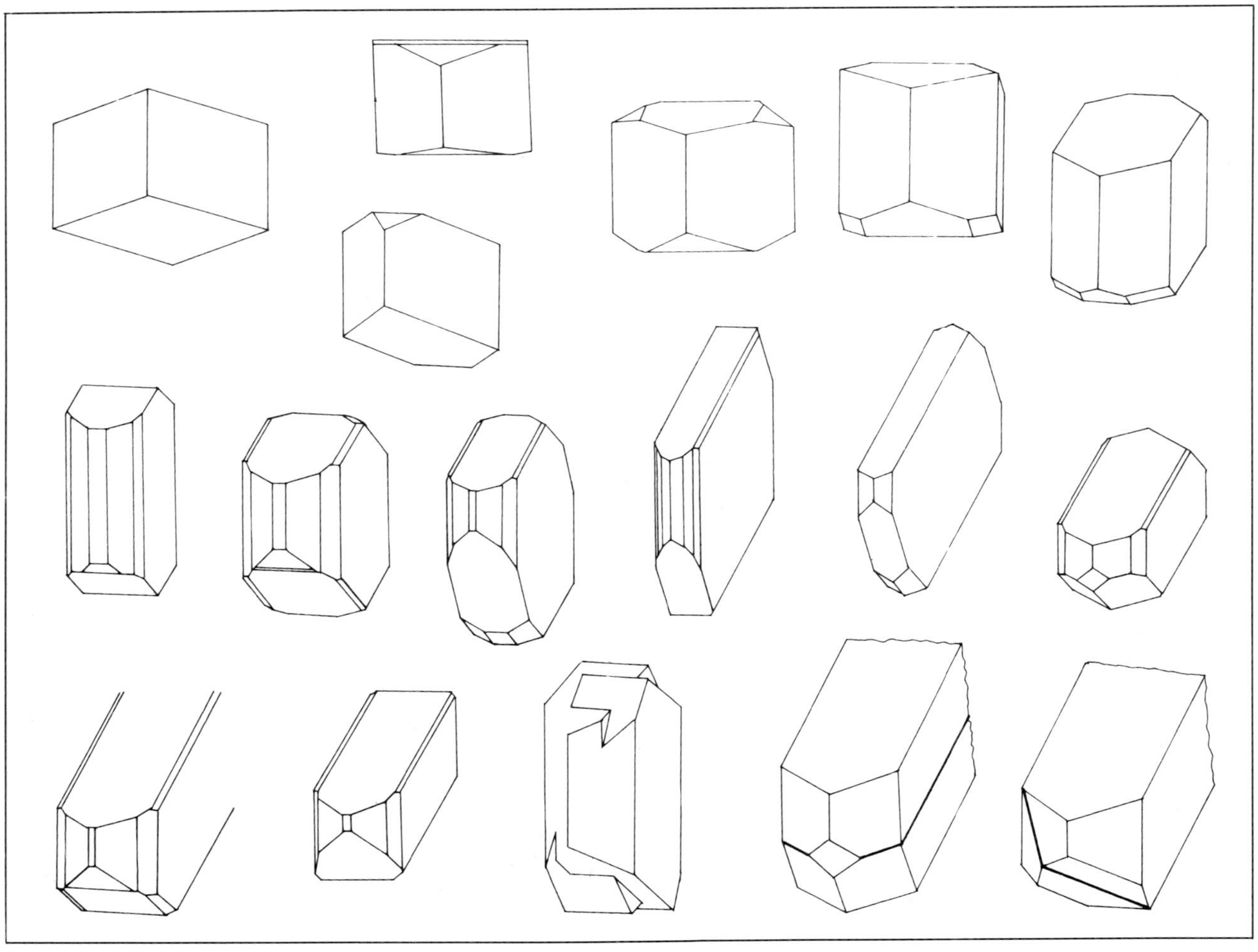

Kalifeldspat: Oben typische Formen des Adular (die ersten vier), die anderen zeigen sowohl Formen des normalen Orthoklas in Pegmatitgraniten als auch die abgeplatteten (Sanidin) in Eruptivgesteinen. Die letzten drei der untersten Reihe sind: Karlsbad-Zwilling, Manebach-Zwilling, Baveno-Zwilling

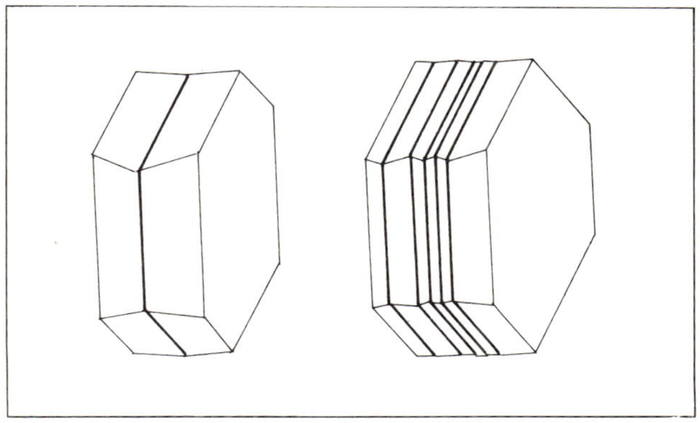

Albit: Zwilling und Vielling

Unten links: Sanidin-Zwilling nach dem Karlsbad-Gesetz. Enfola, Insel Elba (Italien)

Unten rechts: Anorthit, rosa. Fassatal (Trient)

Oben: Amazonit-Kristall, Varietät von Mikroklin. Pikes Peak, Colorado (USA)

Albit, Varietät Periklin. Ahrntal (Bozen)

Anorthit in klaren farblosen oder weißen Kristallen findet sich in Vulkanauswürflingen des Monte Somma/Vesuv, in würfeligen oder gestreckten rosafarbenen Kristallen in den Monzoni des Fassatales (Trient).

Danburit, Sodalith, Hauÿn, Lasurit, Skapolith

Danburit, $Ca[B_2Si_2O_8]$ – rhombisch, ist in der Kristallform – von Keilen begrenzte Prismen – dem Topas ähnlich. Durchsichtig, durchscheinend; farblos, schneeweiß, rosa oder gelb. Schöne Kristallgruppen kommen aus S.Louis Potosì (Mexiko); einige Funde auch in Graubünden (Schweiz) und als Rarität in den Ciminischen Bergen bei Viterbo (Rom).

Sodalith, ein Feldspat, kommt fast nie in erkennbaren Kristallen, meist in dichten, körnigen Massen von blauer Farbe vor, die für Ornamente und kunstgewerbliche Arbeiten verwendet werden. Hauptvorkommen in Kanada und Brasilien.

Hauÿn findet sich in glasigen graugrünen kleinen Kristallen oder blauen Körnern in basaltischen Laven, z.B. Niedermendig/Eifel, Ariccia (bei Rom), am Vulture (Unteritalien) und in Tahiti.

Lasurit, Hauptbestandteil des bekannten Lapislazuli, stets in dichten, körnigen Massen, lasur- bis dunkelblau, wird seit vorgeschichtlichen Zeiten als Schmuckstein verwendet. Berühmt die alten Lagerstätten von Badakschan (Afghanistan), sodann am Baikalsee (Sibirien) und in Chile. Unregelmäßige Brocken wurden auch im Tuff von Ariccia (Rom) und in den Laven des Vesuvs gefunden.

Skapolith, auch *Wernerit* genannt, kann als Glied einer Mischungsreihe zweier komplizierter Silikate betrachtet werden: des natriumhaltigen *Marialith* und des kalkhaltigen *Mejonit;* Zwischenglieder sind *Dipyr* und *Mizzonit.* Skapolith bildet tetragonale Prismen, farblos, weiß, gelb, lichtgrau, blaßgrün, manchmal durchsichtig. Entsteht durch hydrothermale Umwandlung von Feldspat kontaktmetamorph in Eruptivgesteinen und alpinen Schiefern. Kleine Kristalle findet man im Tessin, am Laacher See (Eifel), Skandinavien, USA. Eine gelbe, durchsichtige Varietät aus Brasilien und Mada-

Rechte Seite: Prismatischer Danburit. Charcas, San Luis Potosì (Mexiko)

gaskar wird in der Edelsteinindustrie verwendet. Durchsichtige kleine Kristalle am Monte Somma/Vesuv; ganz dünne, zentimeterlange bei Niardo (Val Camònica).

Zeolithe

Die Minerale dieser Gruppe haben die Eigenart gemeinsam, daß sie ohne Zerstörung des Kristallbaues Wasser abgeben und wieder aufnehmen können und sich in der Hitze aufblähen (griech. zeo = aufkochen). Als hydrothermale Bildungen sind sie in Hohlräumen (Drusen) von Ergußgesteinen weit verbreitet und oft in Begleitung von Datolith, Prehnit, Apophyllit. Man kennt etwa 25 Arten, von denen hier nur die wichtigsten angeführt werden.

Natrolith, $Na_2[Al_2Si_3O_{10}] \cdot 2\ H_2O$ – rhombisch; kommt zumeist in faserig strahligen Aggregaten von weißer oder blaßrosa Farbe mit Glasglanz vor. Gut aus-

Lasurit oder Lapislazuli, dichte Ausbildung, poliert. Afghanistan

Linke Seite: Hauÿn. Ariccia (Rom)

Faserig-strahliger Natrolith. Seiser Alm (Bozen)

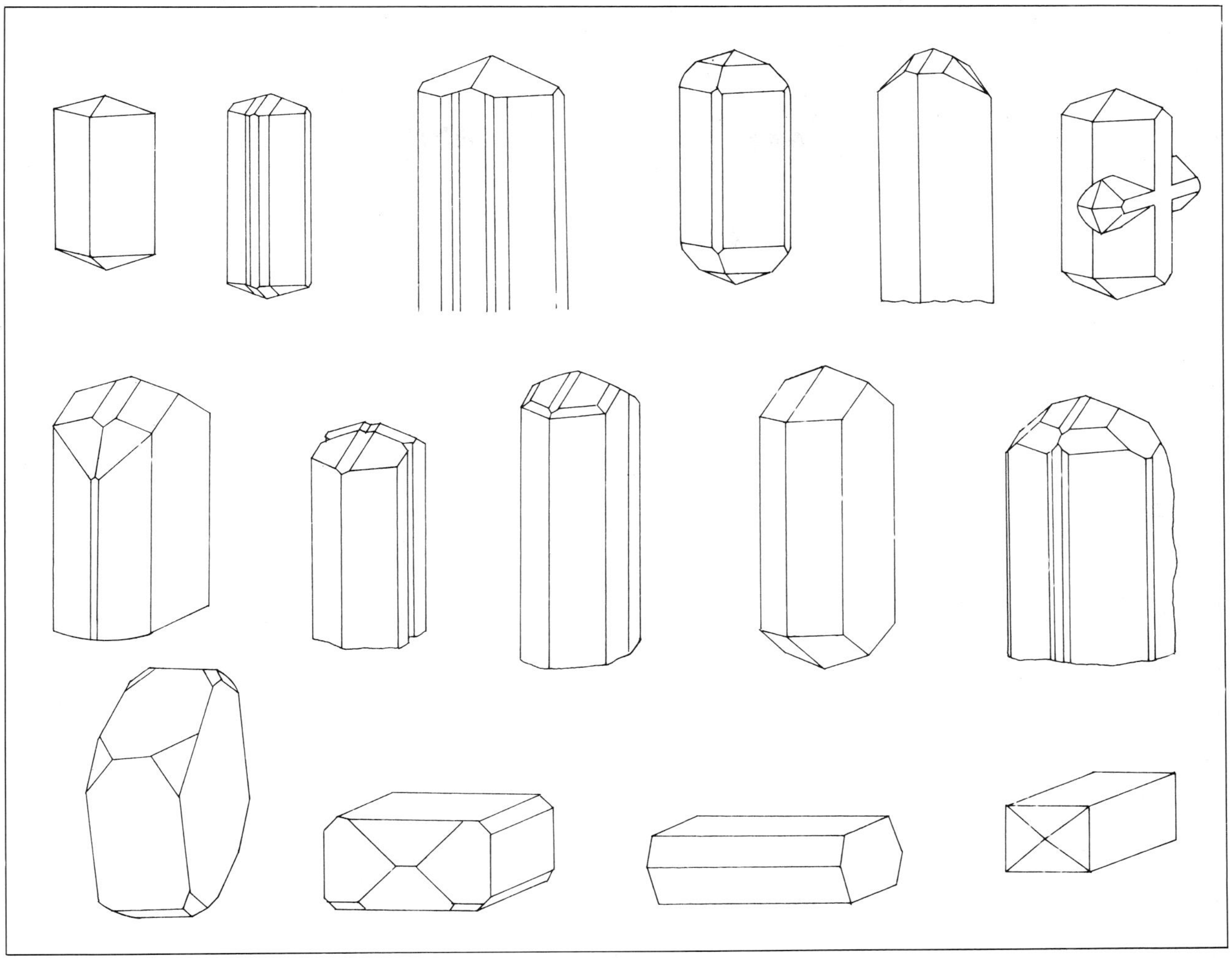

Oben: Prismatischer Natrolith. Mitte: Prismatischer Skolezit; der zweite von links ein Zwilling. Unten: Einige typische Formen von Heulandit; der erste links aus Schottland, ganz ähnlich dem des Fassatales; die beiden mittleren aus Montecchio Maggiore bei Vicenza; der vierte aus Schweden

gebildete Kristalle finden sich in Livingstone (Montana) und S. Benito (Kalifornien/USA); im Rheinland, in Hessen, Sachsen, Island, am Puy de Dôme (Frankreich); in Italien auf der Seiser Alm (Bozen), Altavilla und Montecchio Maggiore (Vicenza), Tierno bei Mori (Trient).

Skolezit, $Ca[Al_2Si_3O_{10}] \cdot 3\ H_2O$ – monoklin, von Natrolith nur dadurch zu unterscheiden, daß dieser in der Kerzenflamme schmilzt, jener sich nur wie ein Wurm krümmt (daher der Name Skolex = Wurm). Schöne Stücke kommen aus Indien, Brasilien und Island.

Thomsonit, $NaCa_2[(AlSi)_5O_{10}]_2 \cdot 6\ H_2O$ – ein Natrium-Kalk-Zeolith, bildet häufig weißliche, rötliche, graugrüne faserige Kristalle. Vorkommen in den USA (New Jersey, Minnesota), in Böhmen, Deutschland; in Italien auf der Seiser Alm (Bozen), dem Monte Somma/Vesuv, in Ligurien, Sardinien und auf den Zyklopenriffen bei Catania.

Auch *Mesolith* $Na_2Ca_2[Al_2Si_3O_{10}] \cdot 8\ H_2O$, ist ein Natrium-Kalk-Zeolith, der in weißen, schön strahlig angeordneten Aggregaten von nadel- oder fadenförmigen Kristallen, manchmal aber auch als dichter Filz vorkommt und leicht mit anderen Faserzeolithen verwechselt werden kann. Vorkommen u.a. in Sizilien und Sardinien.

Mesolith darf nicht mit *Mesotyp* verwechselt werden, eine im vorigen Jahrhundert übliche Benennung für verschiedene Faserzeolithe, die sich nachher als Natrolithe, Skolezite und Mesolithe erwiesen.

Dem toskanischen Mineralogen d'Achiardi zu Ehren wurde ein seltener, Kali, Natrium und Kalk enthaltender monokliner Zeolith *D'Achiardit* benannt. Dieser bildet kleine weiße Kristalle, oft Zwillinge, im Pegmatit von S. Piero in Campo (Insel Elba); aus den gleichen Adern kommt auch *Foresit,* den man anfangs für eine besondere Art von Zeolith hielt, bis sich herausstellte, daß es sich um ein Gemenge von Stilbit, Lithiumglimmer, Lithiumchlorit und Quarz handelte.

Laumontit, $Ca[Al\ Si_2O_6]_2 \cdot 4\ H_2O$ – monoklin; prismatische weiße Kristalle, im alpinen Gneis, Kanton Tessin (Schweiz).

Vom feinfaserig-strahligen ziegelroten *Mordenit* gibt es im Val dei Zuccanti eine Varietät, *Arduinit.*

Ferrierit, ein rhombischer Natrium-Kali-Zeolith, bildet kleine, blätterige, strahlige, glasige Aggregate von grauer oder ziegelroter Farbe. Nur sehr wenige Fundstätten sind bekannt, darunter eine bei Schio (Provinz Vicenza/Italien).

Heulandit, $Ca[Al_2Si_7O_{18}] \cdot 6\ H_2O$ – monoklin;
D. 2.2; H. 3.5 – 4.

Kristallisiert in kurzsäuligen Tafeln von weißer, brauner, ziegelroter Farbe und Perlglanz. Weiße Kristalle kommen aus Teigarhorn (Island); braune aus Rio

Oben: Thomsonit, blätteriges Aggregat. Seiser Alm (Bozen)

Links: Skolezit, stengelig-strahlige Form. Rio Grande do Sul (Brasilien)

Unten: Arduinit, Varietät von Mordenit. Val dei Zuccanti, Recoaro (Vicenza)

Grande do Sul (Brasilien); in Italien sind ziegelrote am Drio le Pale (Fassatal), weiße von Baveno (Lago Maggiore) und Montecchio Maggiore (Vicenza) bekannt.
Stilbit oder *Desmin*, $Ca[Al_2Si_7O_{18}] \cdot 7\,H_2O$ – monoklin; D. 2.2; H. 3.5.
Kommt in strahligen oder kugeligen Krusten und scheinbar rhombischen, garbenförmig gebündelten Kristallen (Desme = Garbe) vor. Schnee- oder milchweiß, braun, rötlichgelb; Glasglanz, an Spaltflächen Perlglanz. Auch hier sind die weißen Kristalle von Teigarhorn (Island), die gelblichbraunen aus New Jersey (USA), die braunen, fächerig-strahligen aus Rio Grande do Sul (Brasilien) sehr gesucht, wo sie von Apophyllit, Skolezit, Heulandit begleitet sind. Mit Apophyllit auch in Poona (Indien). Einige Fundorte auch in Italien (Sardinen, Insel Elba, Baveno).
Eine am Puflerloch auf der Seiser Alm (Bozen) vorkommende Varietät wird *Puflerit* genannt; tritt dort in grauen, glasigen, kleinkugeligen Verkrustungen auf.
Sphaerostilbit ist nichts anderes als faserig-strahliger Thomsonit. *Epistilbit* muß als eigenständiger Zeolith betrachtet werden; er hat zwar die gleiche chemische Zusammensetzung wie Stilbit, aber weniger Moleküle von Kristallwasser und ist viel seltener. In Italien wurde er nur bei Augusta (Sizilien) mit Sicherheit festgestellt.
Phillipsit, $KCa[Al_3Si_5O_{16}] \cdot 6\,H_2O$ – monoklin; D. 2.2; H. 4 – 5.
Bildet glasig-weiße, flächenreiche kleine Kristalle, oft

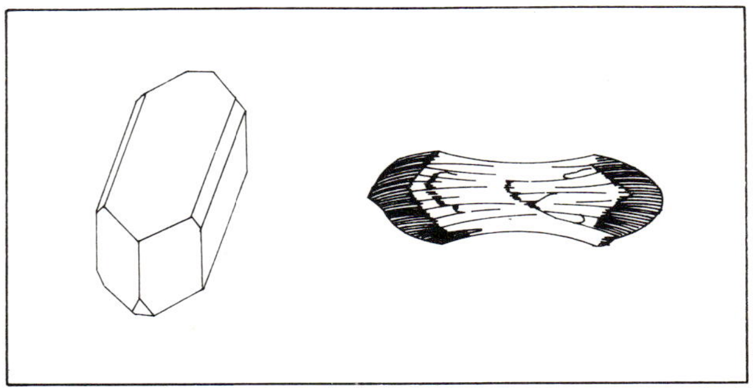

Zwei Formen von Stilbit (Desmin). Die zweite ein Garbenbündel

Blätterig-strahliger Stilbit. Rio Grande do Sul (Brasilien)

Rechte Seite: Heulandit-Kristalle. Fassatal (Trient)

Links: Heulandit. Drio le Pale, Fassatal (Trient)

Rechts: Stilbit-Garben. Färöer-Inseln

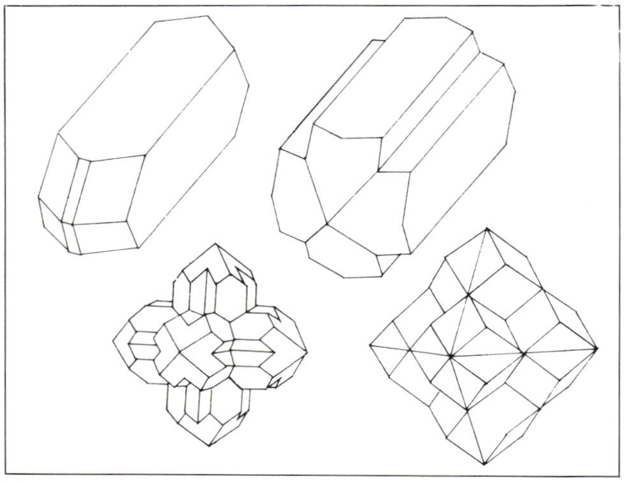

Phillipsit

in kreuzförmigen Zwillingen oder Formen, die eine höhere Symmetrie (tetragonal oder kubisch) vortäuschen. Ein recht verbreiteter Zeolith, aber nur in kleinen Mengen und unscheinbaren Kristallgruppen. Vorkommen in Leucit-Laven Latiums (Fosso dell'Ossa bei Tivoli), am Vesuv und in Sizilien.

Gismondin, $Ca[Al_2Si_2O_8] \cdot 4\ H_2O$ – monoklin, pseudorhombisch; bildet ähnlich wie Phillipsit kleine, glasig-weiße oder graue Kristalle und kommt oft als dessen Begleiter in den gleichen Fundstätten (Latium, Vesuv, Sizilien) vor.

Harmotom, $Ba[Al_2Si_6O_{16}] \cdot 6\ H_2O$, D. 2.5; H. 4.5. Ist Gismondin sehr ähnlich, doch sind die Kreuzzwillinge zumeist etwas größer. Die besten Stücke kommen aus Strontian und Dumbarton (Schottland), Andreasberg (Harz), Korsnäs (Finnland). Als Seltenheit in den Minen des Sàrrabus (Sardinien) und im Val Germanasca (Piemont).

Chabasit, $(Ca,Na_2)[Al_2Si_4O_{12}] \cdot 6\ H_2O$ – trigonal; D. 2.1; H. 4.5.
Wird auch Würfelzeolith genannt wegen seiner fast würfelförmigen Rhomboeder; farblos, blaßgelb,

Harmotom

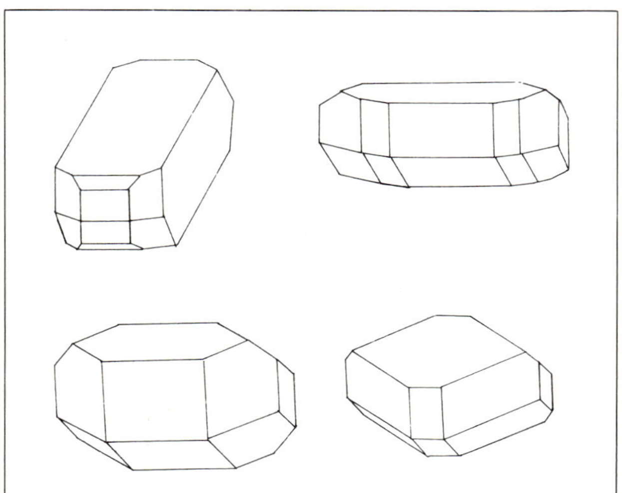

Stilbit-Garben. Poona, Bombay (Indien)

Rechte Seite: *Pseudokubische weiße Chabasit-Kristalle mit rosa Apophyllit. Seiser Alm (Bozen)*

Harmotom-Zwillinge. Korsnäs (Finnland)

braun, fleischrot; Glasglanz, durchsichtig bis durchscheinend. Große Kristalle (mit bis 4 cm langen Kanten) kommen aus Wasson's Bluff (Nova Scotia/Kanada) und aus der Steiermark (Österreich); zahlreiche Fundorte auch in Deutschland und der Schweiz sowie in Italien: Zyklopenriffe bei Catania, Oristano (Sardinien), Baveno (Lago Maggiore), Seiser Alm (Bozen, mit rosa Apophyllit), Monzonilager (Fassatal), bei Cene im Val Seriana (Bergamo), Montecchio Maggiore bei Vicenza, Val Varenna bei Pegli (Genua) u.a.

Literaturhinweis

Allgemeines

BETECHTIN, A.G., *Lehrbuch der speziellen Mineralogie.* Leipzig, 1964. (Wichtig für Minerallager in den Ostblockstaaten.)

CORRENS, C.W., *Einführung in die Mineralogie. 2. Aufl. Berlin, 1968*

DANA, E.S., A textbook of Mineralogy. 5th ed. New York, 1954

DANA's System of Mineralogy. (Neu bearbeitet von C. Palache, H. Bermann u. C. Frondel) New York, 1958-62. Standardwerk, 3 Bde. (I: Elemente, Sulfide, Oxide; II: Halogenide, Karbonate, Sulfate, Phosphate, Wolframate usw. III: Silikate)

DEER, W.H., HOWIE, R.A., ZUSSMANN, J., *Rock-Forming Minerals.* London, 1962-64. (Vols. 1-4 Silicates, Vol. 5 Non-Silicates)

FRIEDENSBURG, F., *Die Bergwirtschaft der Erde.* Bodenschätze, Bergbau, Mineralienversorgung der einzelnen Länder. 5. Aufl. Stuttgart, 1956

KOKSCHAROW, N.v., *Materialien zur Mineralogie Rußlands.* St. Petersburg, 1855-88. 11 Text- und 1 Tafelband

NICKEL, E., *Grundwissen in Mineralogie.* Ein Lehr- und Lernbuch auf elementarer Basis für Kristall-, Mineral- und Gesteinskunde. Thun, 1971

PARKER, R.L., *Mineralienkunde.* 4. Aufl. Thun, 1967

RAMDOHR-STRUNZ, *Klockmann's Lehrbuch der Mineralogie.* 5. Aufl. Stuttgart, 1966

SCHNEIDERHÖHN, H., *Erzlagerstätten.* 4. Aufl. Stuttgart, 1962

Bestimmungsbücher, Tabellen

BAUER, J. u. TURZ, J., *Der Kosmos-Mineralienführer.* Stuttgart, 1972

BÖGEL, H., *Knaurs Mineralienbuch.* Das Haus- und Handbuch für Freunde und Sammler von Mineralien. Ill. München/Zürich, 1968

BÖRNER, R., *Welcher Stein ist das?* Tabellen zum Bestimmen der wichtigsten Mineralien, Edelsteine und Gesteine. 13. Aufl. Stuttgart, 1965

LIEBER, W., *Der Mineraliensammler.* Über den Aufbau von Sammlungen und was man dazu wissen sollte. 5. Aufl. Thun/München, 1971

SCHUMANN, W., *Steine und Mineralien.* Ill. München, 1972

STRUNZ, H., *Mineralogische Tabellen.* 5. Aufl. Leipzig, 1970

Nachschlagewerke

DE MICHELE, V., *Dizionario di Mineralogia.* Novara, 1970

HEY, M.H., *An Index of Mineral Species and Varieties, arranged chemically.* 2nd ed. Trustees of the British Museum, London, 1962. – Appendix, 1963

KAPLAN, St.R., *A Guide to Information Sources of Mining, Minerals and Geosciences.* New York/London, 1965

KÜHNEL, W., *Nutzbare Mineralien.* Vorkommen, Gewinnung, Eigenschaften, Verwendung. München, 1972

LÜSCHER, H., *Die Namen der Steine.* Das Mineralreich im Spiegel der Sprache. Thun, 1968

MINERALI e ROCCE, *Enciclopedia di Scienze Naturali.* Vol. I-II. Novara, 1968

NOVITZKY, A., *Multilingual Mining, Metallurgical, Geological, Mineralogical, Petrographical and Petroleum Dictionary.* 1951. (In 5 Sprachen: Englisch, Deutsch, Französisch, Spanisch, Russisch)

RÖMPP, H., *Chemielexikon,* 6. Auflage, Stuttgart, 1966

WEAST, R.C. (Herausg.), *Handbook of Chemistry and Physics,* 54. Auflage, Cleveland, Ohio, 1973/74

Bildbände

DEMICHELE, V., *Atlante di Mineralogia.* Novara, 1970

DE MICHELE, V., *Kristalle.* Ein farbenfrohes Bild geheimnisvoller und gesetzmäßiger Kunstformen der Natur. München, Südwest Verlag, 1973. (Mit ausführlicher Erklärung der Kristallsysteme und geometrischen Formen.)

LADURNER, J., PURTSCHELLER, F., *Das große Mineralienbuch.* Ill. Innsbruck, 1970

METZ, R., FANCK, A.E., *Antlitz edler Steine.* Stuttgart, 1965

SCHRÖCKE - WEINER, *Mineralien.* (162 Tafeln. Hamburg, 1969. Textband, 1972

SCHUBNEL, H.-J., *Edelsteine.* Ein farbenfroher Überblick über alle Edelsteine, die Halbedelsteine und andere schmückende und farbige Steine. München, Südwest Verlag, 1970

Mineralogische Länderkunde

Die Literatur über Mineralvorkommen in einzelnen Ländern und Gebieten ist umfangreich und spezialisiert. Es können hier nur wenige Werke erwähnt werden, die die Mineralien einiger Gebiete im gesamten behandeln.

AUTORI VARI, *Le Zeoliti in Italia.* Modena, 1967

BILLOWS, E., *I minerali della Sardegna.* Cagliari, 1941

BOSCARDIN, M., DE MICHELE, V., SCAINI, G., *Itinerari mineralogici della Lombardia.* Milano, 1968. (Herausgegeben vom Museo Civico di Storia Naturale in Mailand, das auch eine Serie von »Quaderni« veröffentlicht.)

D'ACHIARDI, A., *Mineralogia della Toscana.* Pisa, 1872. 2 Bde.

GASSER, G., *Die Mineralien Tirols einschließlich Vorarlbergs und der Hohen Tauern.* Innsbruck, 1913

LAUBMANN, H., *Die Minerallagerstätten von Bayern rechts des Rheines.* München, 1924

MEIXNER, H., *Die Minerale Kärntens.* Klagenfurt, 1957

MEIXNER, H., *Zur Landesmineralogie von Salzburg.* Imst, 1964

PARKER, R.L., *Die Mineralienfunde der Schweizer Alpen.* Basel, 1954

WEIBEL, M., *Die Mineralien der Schweiz.* Basel, 1966

ZAMBONINI, F., *Mineralogia Vesuviana.* 2. Aufl. Torino, 1936

ZEPHAROVICH, V.R. von, *Mineralogisches Lexicon für das Kaiserthum Österreich.* Wien, 1859-93. (Nachrichten über Fundorte im Gebiet der alten Monarchie, also auch der Lombardei, Venetiens, des westlichen Jugoslawien, der ČSSR und Südpolens)

Zeitschriften

Der AUFSCHLUSS. Herausgeber ist die Vereinigung der Freunde der Mineralogie und Geologie e.V. Heidelberg. (Wohl die wichtigste Monatsschrift für Sammler. Bringt auch in zwangloser Folge Sonderhefte über die verschiedensten Fundortgebiete heraus.)